地下水中の
物質輸送数値解析

神野 健二 編著

籾井和朗／藤野和徳／中川 啓／
細川土佐男／江種伸之／広城吉成 共著

九州大学出版会

はじめに

　大気，河川や湖沼，さらには海域における汚染問題が顕在化して随分と長い年月が経っている．そして今日，最も移動速度が小さくて，重力方向の最下部にある土壌と地下水汚染問題が社会の大きな関心事となっている．もちろん地下水汚染も過去になかったわけではないが，それらは散発的あるいは局所的なものであった．しかし今日では面的にかなり広い範囲で，また対象となる物質も従来に比べて多種多様となっている．ところで，地下水汚染の予測に関する研究では，主にトレーサーの移動過程に関するものが多い．汚染物質が輸送される帯水層は不均質で，その構造を明らかにすることだけでも大変な労力と費用を要するから，数値計算モデルを援用する意義は大きいが，我々の生活の周りで使用される様々な物質，たとえば，肥料，石油類，農薬，有機塩素化合物，廃棄物処分場からの浸出水中の物質などの移動を予測するためには，土壌との反応や土壌中の微生物活動の影響を考慮した，より実体に近い現象の解析が求められよう．

　すでに地下水の流動解析や物質の輸送問題に対して電子計算機による数値解析手法が採用されて20年以上の時間が経過している．物質輸送解析での差分法や有限要素法の適用に関しては，それぞれ特徴があり，市販されているプログラムも多い．したがって，ユーザーはプログラムに必要となる条件をデータとして入力すれば所要の計算結果を得ることができる．しかし，実際の問題を解析したり輸送のメカニズムを解明するには，ソフトが適用できる範囲以外のことを検討しなければならないことも多い．というのも帯水層中の物質輸送現象には，様々な化学的あるいは微生物学的な変化過程が存在している．例えば局所的な移流の速度の偏在とそこで起きる様々な質的変換との関係などについて調べるためには，自分たちで自由に計算プログラムを書かなければならない．

さらに地球化学や土壌化学の専門家が明らかにしている現象の多さに比べて，輸送方程式を用いた数値解析で現在までに取り扱われている問題は極めて限られている．このように，我々が輸送現象を予測するといってもそれは未だほんの入り口の話であり，より実際の現象をモデル化するには，まだまだ相当の努力をしなければならないと思われる．

　本書は，著者らがこれまでに行ってきた帯水層中の物質輸送に関する研究をまとめたものである．目的は，不均質帯水層でのトレーサーの輸送過程や巨視的分散過程，地下水の塩水化，不飽和・飽和土壌中での揮発性物質の輸送，いくつかの陽イオン・陰イオンの輸送過程の一連の実験と，物質輸送の計算方法に特性曲線法を用いた数値計算結果とを比較検証し，「このような問題があったら，自分たちはこのようにして現象解明を行う」ということを紹介することである．

　専門の学術誌には，詳細な数値計算を適用して現象を明らかにする研究論文もいくつかみられる．それに比べて本書で挙げた例はほんの数例にすぎないが，将来は例えば微生物反応により還元状態になった土壌中での物質輸送の問題を実験し，そして移流分散方程式を基礎にして自分たちで再現することや，実際の地層が複雑な場合にはどのようにどうしたらよいかなどの問題も研究したいと考えている．

　したがって本書は一つの分野を確立し体系化したものではなく，目標への途中の段階のものであることを認めざるをえないが，地下水中の物質輸送問題を研究しようとする人々への参考となれば幸甚である．

　　2001年4月

　　　　　　　　　　　　　　　　　　　　　　　　　　　　神野健二

目　次

はじめに i
第 1 章　物質輸送の基礎 1
　1.1　序 1
　1.2　物質輸送の基礎式 3
第 2 章　特性曲線法 13
　2.1　数値計算法 13
　2.2　特性曲線法の離散化誤差 16
　2.3　特性曲線法の安定条件 21
　2.4　解析解との比較 27
　付録 1　特性曲線法による 1 次元移流分散方程式の数値解析プログラム 34
　付録 2　特性曲線法による 2 次元移流分散方程式の数値解析プログラム 40
第 3 章　不均一場における物質輸送 47
　3.1　不均一場における巨視的分散現象 47
　3.2　不均一場における数値計算モデル適用性の検証および輸送特性 48
　　　3.2.1　室内実験
　　　3.2.2　不均一場の特性
　　　3.2.3　数値計算
　　　　　　3.2.3.1　基礎式
　　　　　　3.2.3.2　数値計算の方法
　　　3.2.4　微視的分散係数
　　　3.2.5　トレーサーの注入と計算条件
　　　3.2.6　結果と考察
　　　3.2.7　微視的分散と巨視的分散

3.3 巨視的分散と不均一場の積分特性距離の関係 64
    3.3.1 検討の方法
    3.3.2 不均一場の発生と巨視的分散の評価
        3.3.2.1 不均一場
        3.3.2.2 場の特性
        3.3.2.3 数値計算
        3.3.2.4 境界条件および数値計算結果
        3.3.2.5 分散，巨視的分散の評価
        3.3.2.6 考察

第4章 沿岸帯水層における塩水侵入解析 73

4.1 塩水侵入の現象 73
4.2 基礎方程式 74
    4.2.1 地下水流れの式
    4.2.2 2次元移流分散方程式
4.3 被圧帯水層における塩分濃度の室内実験 77
    4.3.1 実験装置
    4.3.2 実験条件と実験方法
4.4 解析 79
    4.4.1 解析領域と境界および計算条件
    4.4.2 被圧帯水層模擬実験に対する数値計算の適用
    4.4.3 現地実験による不圧帯水層における塩分濃度の観測

第5章 土壌における多相流解析 101

5.1 揮発性有機塩素化合物による地下水・土壌汚染の現状 101
5.2 支配方程式 105
    5.2.1 流体移動の基礎方程式
    5.2.2 土壌水分特性
    5.2.3 物質輸送の基礎方程式
    5.2.4 吸着過程
    5.2.5 界面での質量輸送過程
    5.2.6 数値計算の方法
5.3 室内カラム実験への適用 113
    5.3.1 実験の概要

5.3.2 数値解析モデル
   5.3.3 解析条件
   5.3.4 数値計算の方法
   5.3.5 解析結果

第6章 土壌中の水理化学的物質輸送解析 ... 127
 6.1 化学反応系の物質輸送特性 ... 127
 6.2 陰イオン系の解析 ... 129
   6.2.1 実験
   6.2.2 分析方法
   6.2.3 解析
   6.2.4 縦方向分散長
   6.2.5 結果および輸送特性
 6.3 陽イオン交換反応系の解析 ... 134
   6.3.1 陽イオン交換反応の基礎式
   6.3.2 移流分散と化学反応との結合
   6.3.3 カラム実験への適用

索引 ... 149

第1章 物質輸送の基礎

1.1 序

　最近の環境問題への関心の高まりにより，土壌〜地下水系での種々の物質の輸送過程が注目されている．地下水中での物質輸送は様々な理由により複雑である．まず，いつどこで誰が何をどのようにして廃棄したのかなどといったような初期・境界条件が不明であることが多いこと，地下水の流れに影響を及ぼす降雨や地下水の揚水量などの不確定性，また地下水が流れる場である帯水層の構造や透水性などが精度よく把握できないことが挙げられる．また，対象とする汚染物質が土壌の間隙中を流れる間に，化学的あるいは微生物学的な変化を受けることも現象を複雑にしている．

　電子計算機の発達により，複雑なシミュレーションも可能になってきた．かつては簡単な初期・境界条件に対する解析解を求めていたものが，複雑な3次元の地下水の流れや物質の輸送も電子計算機により計算できるようになっている．今後は上で述べたような不確定性や複雑な化学的・微生物学的な現象もモデルに組み込んだ計算も可能になると考えられる．

　数値計算手法がある程度確立され，便利なプログラムが市販され，インターネット等により入手できるようになると，このようなプログラムが一人歩きする危険性も危惧される．利用者は，計算プログラムの中身を熟知しなくても，また実際の物理現象を理解していなくても答えを出すことができる．3次元のプログラムは確かに現象の立体的構造を表現できる可能性はあるが，現実に計算に必要な帯水層の構造や透水性を十分な精度で把握できるのかというような課題も残る．むしろ数値計算の精度以前に，計算に入力する条件の精度の方が

問題になる可能性が高い．

　以上のような理由により，数値計算を実施する場合には，計算のアルゴリズム，得られる地質情報や水文情報の限界などを知った上でプログラムを実行する必要がある．

　本書では，様々な物質の輸送現象を数値解析した例を示している．地下水の流れの方程式は，基本的には熱伝導型の偏微分方程式で，数値計算上の安定条件を満たすように注意すれば，発散することなく数値解を求めることができる．一方，物質が輸送される現象を計算するためには，移流と分散の2つの現象からなる移流分散方程式を数値計算する必要がある．さらに，対象とする物質に応じて，土壌への吸着，密度効果，揮発，イオン交換などの変化をモデルの中に組み込まなければならない．

　移流分散方程式は，$C(x, t)$ を物質濃度，u' を間隙水の実流速，D を分散係数とすると基本的には

$$\frac{\partial C}{\partial t} + u' \frac{\partial C}{\partial x} = D \frac{\partial^2 C}{\partial x^2}$$

の形をしている．よく知られているように，移流を表す左辺第2項を離散化するといわゆる数値分散現象が発生し，解を安定的に求めることが困難である．本書で用いる手法については後述するが，多くの論文において移流項での離散化誤差について古くは1970年代から盛んに研究が行われていて，個々のアルゴリズムについての精度や安定性が議論されている．

　本書では，特性曲線法を適用している．特性曲線法の地下水関係での最初の適用例は，Pinder and Cooper (1970)[1] が *Water Resources Research* に投稿した 'A Numerical Technique for Calculating the Transient Position of the Saltwater Front' であろう．この論文では，帯水層中で淡水と塩水の密度流混合面が精度よく計算されていることが示されている．その後，特性曲線法については，神野・上田 (1978)[2], Konikow and Bredehoeft (1978)[3], テキストとしては Kinzelbach (1986)[4]（日本語版として上田 (1990)[5]）にその概要がまとめてある．また，最近では特性曲線法[6,7] が基本的には Lagrange 座標系での物質輸送過程を計算する方法であることから，固定座標（Euler 座標）と移動座標（Lagrange 座標）とを計算格子状で

リンクさせて解く Euler-Lagrange 数値計算法の適用が増えている[8].

1.2 物質輸送の基礎式

ここでは，地下における物質収支式を，2次元鉛直断面を例に簡単に述べる．液相中に溶解している物質は流れによって運ばれる．また，濃度勾配があればそれに比例する物質の輸送すなわち拡散効果を受けて輸送される．このような効果以外に，物質の性質に応じて化学的あるいは微生物学的に質的な変換を受ける．質的変換の効果については，物質特有の変換過程を別途モデル化する必要がある．

最近では，数多くの化学物質による地下水汚染が大きな社会問題になっている．地下水中での各種物質の輸送についての研究は，地下水水文学，水工学，地球化学，環境化学，さらには核廃棄物を扱う原子力の分野など様々な分野で行われてきた[9],[10]．物質によってはすでに質的変換に対するモデル化が確立されているもの，研究段階のもの，今後研究を進めなければならないものがある．本章では，物質輸送の基礎式として，質的変換を受けない物質に対する輸送方程式を誘導する．

図 1.1 は不飽和土壌中での物質の存在状況を模式的に描いている．後の例では不飽和浸透流中での物質輸送も考えるので，ここでは不飽和浸透流についても簡単に触れておく．不飽和土壌の水分率を $\theta(x,y,t)$，間隙水圧を $h(x,y,t)$，x および y 方向の断面平均流速を u および v，不飽和領域を含めた場合の透水係数を $k(x,y,t)$ とし，対象領域内での生成・消滅を表す項 Q を考慮すると，連続の式は次のようになる．

$$\frac{\partial \theta}{\partial t} = -\frac{\partial u}{\partial x} - \frac{\partial v}{\partial y} + Q \tag{1.1}$$

上式の生成・消滅項 Q は，たとえば植物の根による土壌水分の吸水を表す場合[11],[12]に必要となる．ここで，

$$\frac{\partial \theta}{\partial t} = \frac{d\theta}{dh}\frac{\partial h}{\partial t} = c_w \frac{\partial h}{\partial t} \tag{1.2}$$

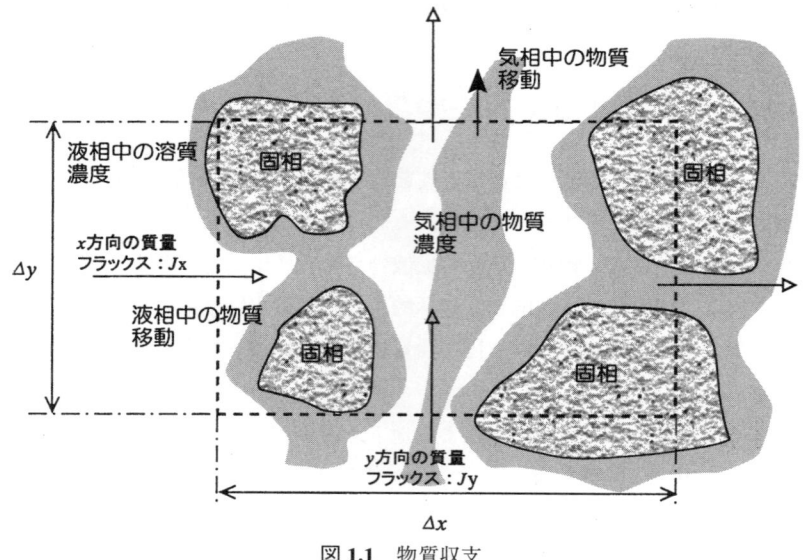

図 1.1　物質収支

とおくと，式 (1.1) は次のようになる．

$$c_w \frac{\partial h}{\partial t} = -\frac{\partial u}{\partial x} - \frac{\partial v}{\partial y} + Q \tag{1.3}$$

ここに，c_w は単位の水圧変化に対する土壌水分率の変化率，すなわち比水分容量である．

次に運動方程式は，不飽和領域も含めて Darcy の法則が成り立つと仮定すると，

$$\begin{aligned} u &= -k\frac{\partial h}{\partial x} \\ v &= -k\left(\frac{\partial h}{\partial x} + \frac{\rho}{\rho_f}\right) \end{aligned} \tag{1.4}$$

である．ここに，k は間隙水圧に依存する不飽和透水係数，ρ および ρ_f は物質濃度に依存する流体の密度および基準となる液体の密度(通常は，温度 3.98°C

の水の密度 = 1 g cm⁻³ を基準とする)である．海水のように水よりも重い物質を対象とする場合に，重力効果を表したものが密度項である．

物質の輸送方程式は，図 1.1 に示すように x および y 方向の質量の流束，すなわち質量フラックスをもとに求められる．ここでのフラックスとは，空間内の任意の場所において，流れ方向に垂直にとった単位断面積を単位時間に通過する質量である．移流と濃度勾配による拡散(分散)を駆動力とする質量フラックスは x および y 方向に対して

$$J_x = u'C - D_{xx}\frac{\partial C}{\partial x} - D_{xy}\frac{\partial C}{\partial y}$$

$$J_y = v'C - D_{yx}\frac{\partial C}{\partial x} - D_{yy}\frac{\partial C}{\partial y}$$

(1.5)

ここに，u' および v' は間隙水の x および y 方向の実流速で，Darcy の法則で与えられる断面平均流速 u および v との間には，次のような関係があると仮定する．

$$u' = \frac{u}{\theta}$$
$$v' = \frac{v}{\theta}$$

(1.6)

これは，間隙水分の占める面積(図の場合は，$\Delta y \times \theta \times$ 奥行き 1 の通水面積)を流れる流量を，全断面積 $\Delta y \times 1$ にわたって流れる流量に等しいと考えたものである．このことを式で表すと，

$$u' \times \Delta y \times \theta \times 1 = u \times \Delta y \times 1 \tag{1.7}$$

となり，式 (1.6) のはじめの式となる．したがって，間隙の実流速は Darcy の法則で計算される流速よりも $1/\theta$ 倍速いことになる．間隙が水で飽和されている場合には，有効間隙率を n_e とすると，u' は $1/n_e$ 倍速いことになる．

図 1.1 に示すように，不飽和状態の土壌間隙水に溶解している物質の質量は，

$$\theta \Delta x \Delta y C$$

である．したがって，物質収支は

$$\frac{\partial \theta C}{\partial t} \Delta x \Delta y = - \frac{\partial \theta J_x}{\partial x} \Delta x \Delta y - \frac{\partial \theta J_y}{\partial y} \Delta x \Delta y \tag{1.8}$$

となる．両辺を$\Delta x \Delta y$ で割り，式 (1.5) を式 (1.8) の右辺に代入すると，

$$\frac{\partial \theta C}{\partial t} + \frac{\partial uC}{\partial x} + \frac{\partial vC}{\partial x} = \frac{\partial}{\partial x}\left(\theta D_{xx}\frac{\partial C}{\partial x} + \theta D_{xy}\frac{\partial C}{\partial y}\right)$$
$$+ \frac{\partial}{\partial y}\left(\theta D_{yx}\frac{\partial C}{\partial x} + \theta D_{yy}\frac{\partial C}{\partial y}\right) \tag{1.9}$$

式 (1.9) が物質収支式である．式 (1.9) は，式 (1.1) の不飽和領域の連続の式を考慮すると次のようになる．

$$\theta \frac{\partial C}{\partial t} + u\frac{\partial C}{\partial x} + v\frac{\partial C}{\partial x} = \frac{\partial}{\partial x}\left(\theta D_{xx}\frac{\partial C}{\partial x} + \theta D_{xy}\frac{\partial C}{\partial y}\right)$$
$$+ \frac{\partial}{\partial y}\left(\theta D_{yx}\frac{\partial C}{\partial x} + \theta D_{yy}\frac{\partial C}{\partial y}\right) - CQ \tag{1.10}$$

ここで

$$\frac{dC}{dt} \equiv \frac{\partial C}{\partial t} + u'\frac{\partial C}{\partial x} + v'\frac{\partial C}{\partial y} \tag{1.11}$$

とおくと式 (1.10) は

$$\theta \frac{dC}{dt} = \frac{\partial}{\partial x}\left(\theta D_{xx}\frac{\partial C}{\partial x} + \theta D_{xy}\frac{\partial C}{\partial y}\right)$$
$$+ \frac{\partial}{\partial y}\left(\theta D_{yx}\frac{\partial C}{\partial x} + \theta D_{yy}\frac{\partial C}{\partial y}\right) - CQ \tag{1.12}$$

と書き換えられる．$\partial C/\partial t$ は空間上の固定された点における濃度の時間変化を表しているが，dC/dt は流体とともに移動する点の濃度の時間変化を表してい

る．すなわち，式 (1.12) は，ある濃度の流体塊が行く先々の流速に従って輸送される過程で，流体塊が右辺の拡散項によってどのように変化するかを記述する方程式である．行く先々の流体塊の位置 $X(t; a)$ を Lagrange 座標という．なお，ここで a は時刻 $t = 0$ における流体塊の位置である．この流体塊の時間的変化が式 (1.12) の左辺の dC/dt で表され，実質微分あるいは流体力学的微分とよばれている．本章を通じて適用される特性曲線法は，式 (1.12) の左辺と右辺で濃度の時間変化を計算する方法である．したがって，近似しなければならない項数は，流体力学的微分項と右辺の拡散(分散)項である．これに対して，式 (1.10) の場合には左辺の移流項を含めて近似する必要があり，式 (1.12) では近似すべき項数が少ない分だけ，計算上有利になる．特に，特性曲線法では近似誤差の発生が大きく安定性に敏感な移流項を近似する必要がなく数値計算上有利であることがわかる．実際の計算法の詳細は第 2 章で解説する．

ところで，固相上に吸着する物質に対しては，次のように書ける．いま，図 1.2 に示す記号を用いると，固相に吸着されている物質の質量保存式は，

$$\frac{\partial (1-n)\rho_s K_d C}{\partial t} = S_{ad} \tag{1.13}$$

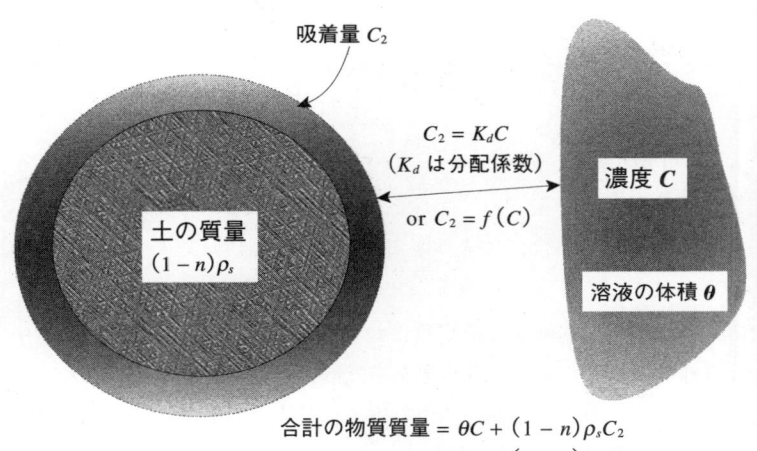

図 **1.2** 簡単な吸着平衡モデル

吸着がある場合の液相に対する収支式は，式 (1.9) に吸着速度 S_{ad} を吸い込み項として付加して，

$$\frac{\partial \theta C}{\partial t} + \frac{\partial uC}{\partial x} + \frac{\partial vC}{\partial y} = \frac{\partial}{\partial x}\left(\theta D_{xx}\frac{\partial C}{\partial x} + \theta D_{xy}\frac{\partial C}{\partial y}\right)$$
$$+ \frac{\partial}{\partial y}\left(\theta D_{yx}\frac{\partial C}{\partial x} + \theta D_{yy}\frac{\partial C}{\partial y}\right) - S_{ad} \quad (1.14)$$

となる．式 (1.13) と式 (1.14) を辺々加え，連続の式 (1.1) を考慮すると

$$\{\theta + (1-n)\rho_s K_d\}\frac{\partial \theta C}{\partial t} + \frac{\partial uC}{\partial x} + \frac{\partial vC}{\partial y} =$$
$$\frac{\partial}{\partial x}\left(\theta D_{xx}\frac{\partial C}{\partial x} + \theta D_{xy}\frac{\partial C}{\partial y}\right) + \frac{\partial}{\partial y}\left(\theta D_{yx}\frac{\partial C}{\partial x} + \theta D_{yy}\frac{\partial C}{\partial y}\right) - CQ \quad (1.15)$$

次の遅れ係数

$$R_d = 1 + \frac{(1-n)}{\theta}\rho_s K_d \quad (1.16)$$

を導入し，

$$\theta R_d \frac{\partial C}{\partial t} + u\frac{\partial C}{\partial x} + v\frac{\partial C}{\partial y} = \frac{\partial}{\partial x}\left(\theta D_{xx}\frac{\partial C}{\partial x} + \theta D_{xy}\frac{\partial C}{\partial y}\right) +$$
$$\frac{\partial}{\partial y}\left(\theta D_{yx}\frac{\partial C}{\partial x} + \theta D_{yy}\frac{\partial C}{\partial y}\right) - CQ \quad (1.17)$$

となる．吸着がある場合には $R_d > 1$ であり，式 (1.17) より，物質の輸送速度も分散も小さくなることが分かる．

次に，多孔媒体における分散現象について述べる．図 1.3 は帯水層の中で考えられる様々なスケールの拡散現象を模式的に描いたものである．もっとも小さなスケールは水の分子運動に基づく分子拡散である．間隙水の中では，物質は土粒子を境界にして分子拡散する．間隙内の流れは基本的には Navier-Stokes の運動方程式に従って流れる[13]．水の粘性のため，土粒子表面では流速は 0 と

第1章 物質輸送の基礎

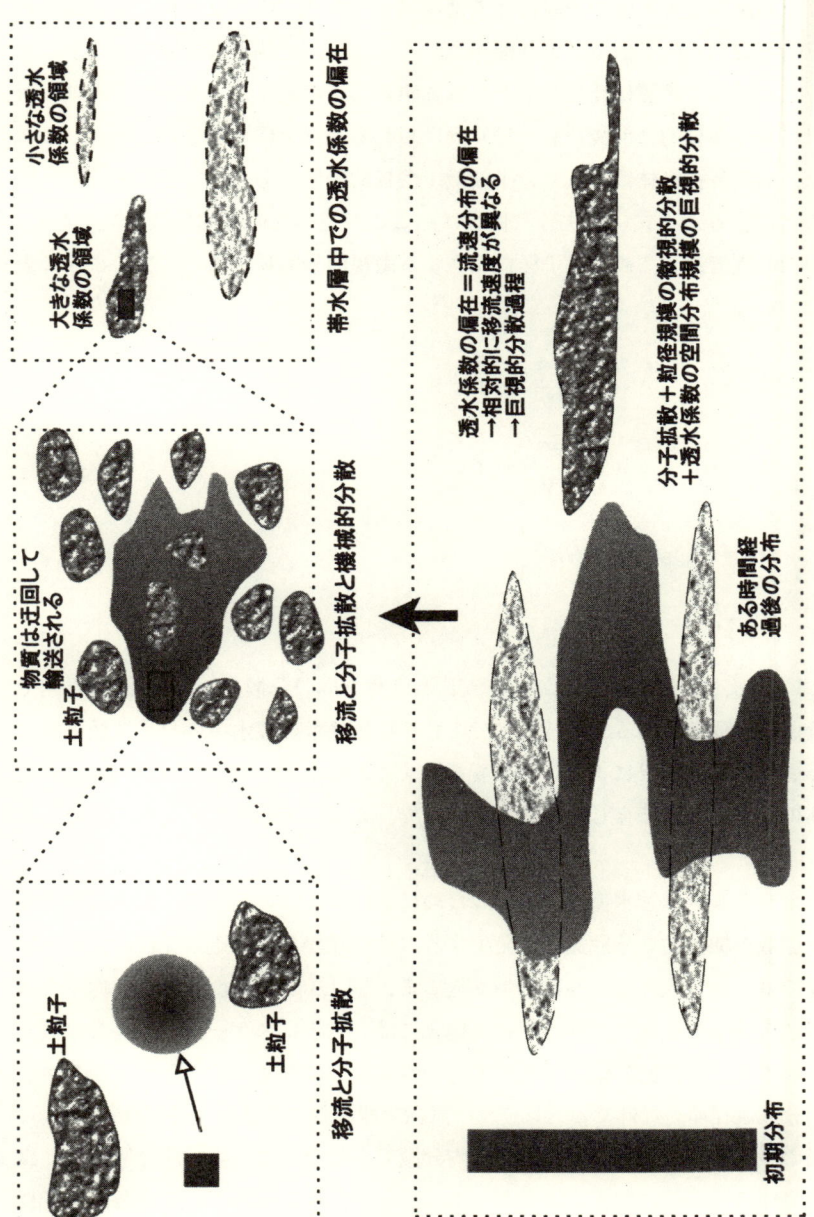

図 1.3 帯水層の分散過程

なり，間隙の中央と土粒子表面とでは流速が異なる．このため物質は，流れとは直角の方向へ分子拡散により輸送される．また，土粒子は物質の行く手を阻む．したがって物質は迂回しながら移動する．このように，流路の不規則な形状[14]により機械的に前後左右に振り分けられる過程を機械的分散という．ここでは，ある多孔媒体に対して分子拡散や機械的分散をあわせて微視的分散ということにする．次式に示す分散係数は，ここで述べた微視的分散係数であり，間隙内の実流速 u', v' と粒子径に相当する微視的分散長を用いて次のように表されている[15]．

$$D_{xx} = \alpha_L \frac{u'^2}{V} + \alpha_T \frac{v'^2}{V} + D_M$$

$$D_{yy} = \alpha_T \frac{u'^2}{V} + \alpha_L \frac{v'^2}{V} + D_M \qquad (1.19)$$

$$D_{xy} = D_{yx} = (\alpha_L - \alpha_T) \frac{u'v'}{V}$$

$$V = \sqrt{u'^2 + v'^2}$$

ここに，α_L, α_T は流れ方向および流れと直角方向の分散長，D_M は浸透層内での分子拡散係数である．浸透層内での分子拡散係数は純水中の分子拡散係数より小さく，屈曲度[16]によりこの影響を表すこともある．分散長 α_L や α_T は多孔媒体の代表長さに依存した値をとるもので，カラム実験などによって定められる．

　粘土やシルトは透水係数が小さいために流速は小さいものの，前述のような分子拡散や機械的な分散過程は発生する．砂や礫からなる透水係数が大きな砂礫層では，より大きな微視的分散が起こる．図1.3のように地層が不均一な透水係数を持つ多孔媒体で構成される場合には，さらにスケールの大きな分散過程が起こる．巨視的分散は地層の不均一性により誘発されるより大きなスケールの分散過程で，野外でのトレーサー試験で観測される濃度変動が対象となる．前出の微視的分散が統計学でいう級内分散であるならば，巨視的分散は多孔媒体間での級間分散に相当するものである．なお，不均一層の分散や統計解析については第3章で詳しく述べる．

参考文献

1) Pinder, G. F. and Cooper, H. H.: A numerical technique for calculating the transient position of the saltwater front, *Water Resources Research*, **6**(3), pp. 875–882, 1970.
2) 神野健二・上田年比古：粒子の移動による移流分散方程式の数値解法の検討，土木学会論文集，**271**, pp. 45–53, 1978.
3) Konikow, L. F. and Bredehoeft, J. D.: Computer models of two-dimensional solute transport and dispersion in groundwater, *USGS Techniques of Water-Resources Investigations*, Book 7, US Geological Survey., Colo., 1978.
4) Kinzelbach, W.: *Groundwater modeling*, Elsevier, 1986.
5) 上田年比古監訳：『パソコンによる地下水解析』，森北出版，pp. 247–251, 1990.
6) 籾井和朗：差分法と特性曲線法による物質輸送解析の応用，地下水学会誌，**33**(3), pp. 177–184, 1991.
7) 藤縄克之：有限要素法と特性曲線法による物質輸送解析，地下水学会誌，**33**(3), pp. 185–193, 1991.
8) 西垣　誠：物質輸送のその他の解析法―オイラリアン・ラグラジアン法―，地下水学会誌，**33**(4), pp. 265–276, 1991.
9) Freeze, R. A. and Cherry, J. A.: *Groundwater*, Prentice Hall, New Jersey, 1979.
10) Bear, J.: *Dynamics of fluid in porous media*, Elsevier, New York, 1972.
11) 籾井和朗・野坂治朗・矢野友久：植物の根による吸水モデルに関する比較検討，水文・水資源学会誌，**5**(3), pp. 13–21, 1992.
12) Momii, K., Nozaka, J. and Yano, T.: Water and salt transport in a sandy soil-soybean root system, *International Association of Hydrological Sciences Publication*, **212**, pp. 243–248, 1993.
13) 神野健二：数値解析による浸透層内の流れの特性，地下水学会誌，**20**(3), pp. 75–88, 1978.
14) Saffman, P. G.: A theory of dispersion in porous media, *J. Fluid Mechanics*, **6**, pp. 321–349, 1959.
15) Huyakorn, P. S. and Pinder, G. F.: *Computational method in subsurface flow*, Academic Press, New York, 1983.
16) 中野政詩：『土の物質移動学』，東京大学出版会，pp. 50–52, 1991.

第 2 章　特性曲線法

本章では移流分散方程式の数値解法である特性曲線法を説明する．これは離散点の濃度を求めるのに，濃度を与えた粒子を領域に多数配置し，これをその点の流速で移動させて，特性曲線上で粒子濃度の変化を算定し領域内の濃度分布の時間変化を求めていくもので，分散項に比べて移流項が卓越する場合に解の精度および安定性が高い特徴を持っている．

2.1 では 1 次元の移流分散方程式を例に，Pinder and Cooper[1] の特性曲線法の計算法(標準法)とそれを修正した計算法(修正法)を示している．2.2, 2.3 ではこの特性曲線法の離散化誤差，および解の安定条件を示し，2.4 で 1 次元および 2 次元の移流分散方程式の解析解と特性曲線法および差分法による数値解との比較を行っている．

2.1　数値計算法

次に示す浸透層内の 1 次元移流分散方程式を例に特性曲線法による数値計算法を説明する．

$$\frac{\partial C}{\partial t} + u' \frac{\partial C}{\partial x} = D \frac{\partial^2 C}{\partial x^2} \tag{2.1}$$

あるいは，

$$\frac{dC}{dx} = D \frac{\partial^2 C}{\partial x^2} \tag{2.2}$$

ここに，式 (2.1)，(2.2) 中の C は濃度，u' は x 方向の空隙内の平均実流速，D は x 方向の分散係数で一定値とする．

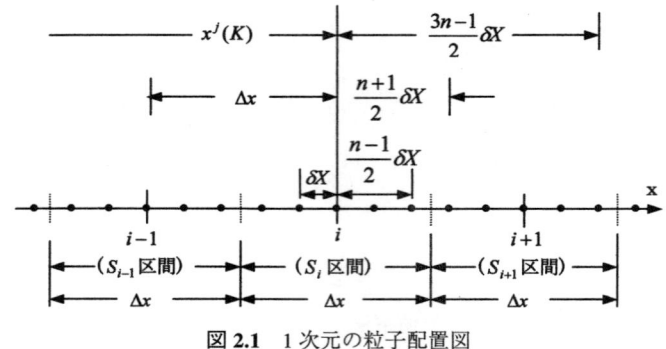

図 2.1　1次元の粒子配置図

　移流分散方程式の式 (2.2) による表示は，浸透層内の全領域にわたって配置された，ある濃度をもつ流体粒子(以後粒子という)がその位置の流速 u' で移動したときの濃度変化を示すもの，すなわち粒子移動の特性曲線上での濃度算定の式である．

　特性曲線法では，図 2.1 のようにはじめ全浸透領域 (x 軸)に，ある濃度を与えた N 個の粒子(図中の黒丸)を δX の間隔で配置する．また x 軸上に Δx の等間隔に固定格子点 i をきめ，この格子点の区分領域を区間 S_i とし，n 個の粒子が入っているものとする．さらに数値計算の時間間隔を Δt，時間ステップ数を j，ある時刻 $j\Delta t$ の粒子 K の濃度を $C^j(K)$ と表す．以下，j 時刻の粒子の配置とその濃度から $j+1$ 時刻の状態を求める方法を述べる．

　まず各粒子をそのときの濃度を保持したままその点の速度で 1 ステップの時間だけ移動させて i 区間に流入する粒子(個数を n とする)を求める．次にこれらの粒子濃度の平均値を格子点 i の仮濃度 $C_i'^j$ とする．すなわち，

$$C_i'^j = \frac{1}{n} \sum_{l_i=1}^{n} C^j(l_i) \tag{2.3}$$

ここに l_i は S_i 区間内で単独につけた粒子番号である．なお，ここで i は時刻 $j+1$ に粒子が流入した区間 i を意味し，j は粒子の濃度が j 時刻の値であることを意味している．次にこの値を式 (2.2) の右辺の離散値に用いて，次のように格子点 i の濃度増分 δC_i^{j+1} を求め，これを前述の格子点 i の仮濃度および j 時刻の粒子濃度に加えて，$j+1$ 時刻の格子点および各粒子濃度を求める．すな

わち，濃度増分 δC_i^{j+1} は，

$$\delta C_i^{j+1} = \frac{\Delta t D}{\Delta x^2} (C_{i+1}^{\prime j} - 2 C_i^{\prime j} + C_{i-1}^{\prime j})\tag{2.4}$$

$j+1$ 時刻の格子点濃度は

$$C_i^{j+1} = C_i^{\prime j} + \delta C_i^{j+1} \tag{2.5}$$

$j+1$ 時刻の粒子濃度は次のようになる．

$$C^{j+1}(K) = C^j(K) + \delta C_i^{j+1} \tag{2.6}$$

このようにして時刻 $j+1$ の格子点 i の濃度および各粒子の濃度と位置が求められるので，ふたたび各粒子を速度 u' で移動させ上述の操作を繰り返す．以上が Pinder らの用いた計算法で，標準法と称す．

次に修正法を説明する．標準法の計算では式 (2.6) のように格子点の濃度増分 δC_i^{j+1} を等しくその区分領域内に含まれる粒子の濃度増分としているが，各格子点に対して算定された濃度増分の相違がそのまま領域境界を挟んで相隣る粒子の濃度増分の相違となるため，この両粒子の濃度に不連続をきたし，数値解の誤差の原因となる．修正法はこの不連続をできるだけなくしたもので，隣り合う格子点間の濃度増分の変化を 2 次曲線と仮定し，この曲線を，δC_{i-1}^{j+1}, δC_i^{j+1} および δC_{i+1}^{j+1} を用いて求め，i 区間領域内の各粒子の濃度増分 $\delta C^{j+1}(K)$ および時刻 $j+1$ の濃度を次のように算定する方法である．

$$\delta C^{j+1}(K) = \delta C_i^{j+1} + (\delta C_{i+1}^{j+1} - 2\delta C_i^{j+1} + \delta C_{i-1}^{j+1}) \cdot \frac{\xi^2}{2\Delta x^2}$$
$$+ (\delta C_{i+1}^{j+1} - \delta C_{i-1}^{j+1}) \cdot \frac{\xi}{2\Delta x} \tag{2.7}$$

$$C^{j+1}(K) = C^j(K) + \delta C^{j+1}(K) \tag{2.8}$$

ここに $\xi = x^{j+1}(K) - i\Delta x$ で，格子点 i からの距離のずれである．以上の方法による数値計算法，すなわち Pinder らの計算法である標準法と修正法を一括してここでは「特性曲線法」と称する．ここで説明した特性曲線法は格子を組む

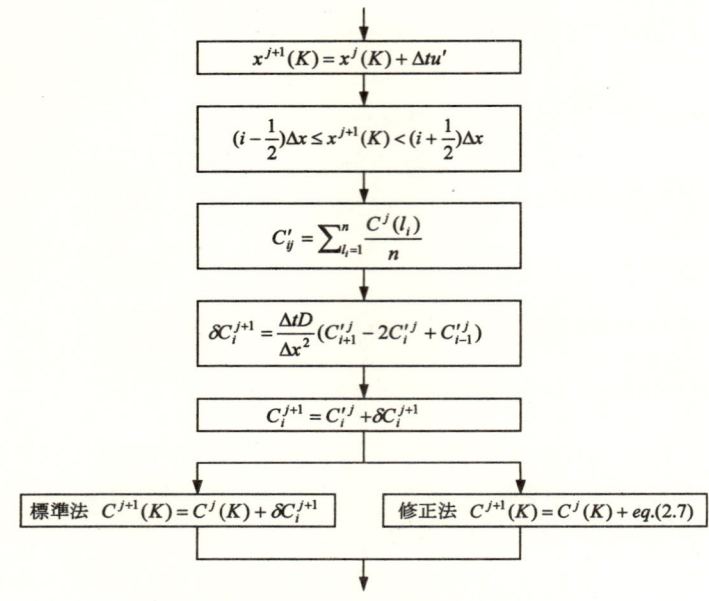

図 2.2 特性曲線法による計算のフローチャート

ことでは従来の差分法と変わりなく，格子点に関する分散項の差分計算は従来と同じである．しかし移流項の差分計算がなく，新たに粒子の移動と粒子の濃度変化の算定が加わるため，特性曲線法の計算の手数は従来の差分法よりやや増加する．図 2.2 に特性曲線法のフローチャートを示す．

2.2　特性曲線法の離散化誤差

移流分散方程式の離散化に伴う誤差について特性曲線法と explicit 差分法とを比較検討する．まず Taylor 展開により，

$$C(x \pm \Delta x, t) = C(x, t) \pm \Delta x \frac{\partial C}{\partial x} + \frac{\Delta x^2}{2}\frac{\partial^2 C}{\partial x^2} \pm \frac{\Delta x^3}{6}\frac{\partial^3 C}{\partial x^3} + \frac{\Delta x^4}{24}\frac{\partial^4 C}{\partial x^4} \pm \cdots$$

および

$$C(x, t + \Delta t) = C(x, t) + \Delta t \frac{\partial C}{\partial t} + \frac{\Delta t^2}{2}\frac{\partial^2 C}{\partial t^2} + \cdots$$

したがって，高次の微分項を省略すれば，

$$\frac{\partial C}{\partial x} = \frac{1}{2\Delta x}\{C(x+\Delta x, t) - C(x-\Delta x, t)\} - \frac{\Delta x^2}{6}\frac{\partial^3 C}{\partial x^3} \tag{2.9}$$

$$\frac{\partial^2 C}{\partial x^2} = \frac{1}{\Delta x^2}\{C(x+\Delta x, t) - 2C(x, t) + C(x-\Delta x, t)\} - \frac{\Delta x^2}{12}\frac{\partial^4 C}{\partial x^4} \tag{2.10}$$

$$\frac{\partial C}{\partial t} = \frac{1}{\Delta t}\{C(x, t+\Delta t) - C(x, t)\} - \frac{\Delta t}{2}\frac{\partial^2 C}{\partial t^2} \tag{2.11}$$

したがって式 (2.1) は，

$$\{C(x, t+\Delta t) - C(x, t)\} + \frac{u'\Delta t}{2\Delta x} \cdot \{C(x+\Delta x, t) - C(x-\Delta x, t)\}$$

$$- \frac{\Delta t D}{\Delta x^2} \cdot \{C(x+\Delta x, t) - 2C(x, t) + C(x-\Delta x, t)\} \tag{2.12}$$

$$= \frac{\Delta t^2}{2}\frac{\partial^2 C}{\partial t^2} + \frac{u'\Delta t \Delta x^2}{6}\frac{\partial^3 C}{\partial x^3} - \frac{D\Delta t \Delta x^2}{12}\frac{\partial^4 C}{\partial x^4}$$

となる．この式の右辺を 0 としたものが explicit (陽形式)差分法である．この場合，右辺がこの差分法の離散化誤差となるが，とくに右辺第 2 項は移流項の離散化誤差であって，これには流速が含まれており流速が大きい場合にはその誤差が大きくなる．これに比べて特性曲線法は式 (2.2) によるため，移流項の離散化誤差の発生がなく，これは特性曲線法の最大の利点である．

次に分散項 $D\partial^2 C/\partial x^2$ の離散化に伴う誤差について検討する．explicit (陽形式)差分法では分散項に含まれる微分項 $\partial^2 C/\partial x^2$ を次のように近似している．

$$f_1 \equiv \frac{1}{\Delta x^2}\{C(x+\Delta x, t) - 2C(x, t) + C(x-\Delta x, t)\} \tag{2.13}$$

分散項の離散化誤差は式 (2.10) との差をとって，

$$f_1 - \frac{\partial^2 C}{\partial x^2} = \frac{\Delta x^2}{12}\frac{\partial^4 C}{\partial x^4} \tag{2.14}$$

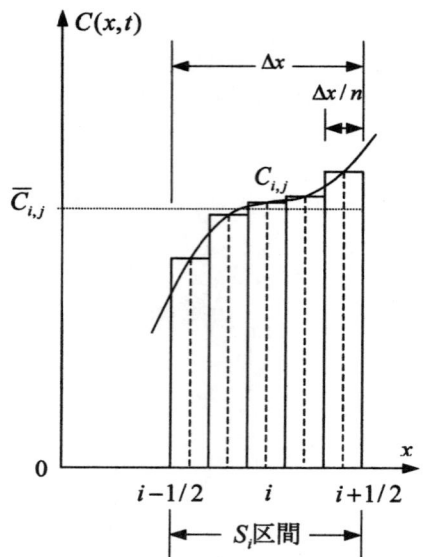

図 2.3 　格子点値 C_i^j と区間平均値 $\bar{C}_i^j$ との相違

次に特性曲線法について考える．式 (2.10) の離散値は格子点濃度をとらねばならないが，特性曲線法では式 (2.3) のように格子点 i の濃度のかわりにその区分領域 S_i 内にある粒子の濃度の平均値を用いて式 (2.4) により差分計算を行っている．そこで離散値に平均値を用いることによる差分計算の誤差を考えてみる．いま時刻 t（あるいは j）について離散値をとることにして，まず式 (2.10) 右辺の離散値，たとえば $C(x,t) = C_i^j$ を図 2.3 のように S_i 区間の連続関数の平均値 $\bar{C}_i^j$ で代用する場合を考える．ここに $\bar{C}_i^j$ は式 (2.3)〜(2.5) の $C_i^{\prime j}$ に相当するものである．いま $x = i\Delta x$ とし $C(\xi, t)$ を $x = i\Delta x$ のまわりに Taylor 展開すると，

$$C(\xi, t) = C_i^j + (\xi - i\Delta x)\frac{\partial C}{\partial x}\bigg|_i^j + \{(\xi - i\Delta x)^2/2\}\frac{\partial^2 C}{\partial x^2}\bigg|_i^j + \cdots$$

$$\bar{C}_i^j = \frac{1}{\Delta x}\int_{(i-1/2)\Delta x}^{(i+1/2)\Delta x} C(\xi, t)d\xi = C_i^j + \frac{\Delta x^2}{24}\frac{\partial^2 C}{\partial x^2}\bigg|_i^j + \frac{\Delta x^4}{1920}\frac{\partial^4 C}{\partial x^4}\bigg|_i^j + \cdots$$

同様にして，

$$\bar{C}^j_{i\pm 1} = C^j_{i\pm 1} + \frac{\Delta x^2}{24} \left.\frac{\partial^2 C}{\partial x^2}\right|^j_{i\pm 1} + \frac{\Delta x^4}{1920} \left.\frac{\partial^4 C}{\partial x^4}\right|^j_{i\pm 1} + \cdots$$

これらの式より,

$$f_2 \equiv \frac{1}{\Delta x^2} (\bar{C}^j_{i+1} - 2\bar{C}^j_i + \bar{C}^j_{i-1}) \tag{2.15}$$

を式 (2.13) に対応して定義し,式 (2.10) との差をとればこの場合の誤差は,

$$f_2 - \frac{\partial^2 C}{\partial x^2} = \frac{1}{24} \left(\left.\frac{\partial^2 C}{\partial x^2}\right|^j_{i+1} - 2\left.\frac{\partial^2 C}{\partial x^2}\right|^j_i + \left.\frac{\partial^2 C}{\partial x^2}\right|^j_{i-1} \right)$$

$$+ \frac{\Delta x^2}{1920} \left(\left.\frac{\partial^4 C}{\partial x^4}\right|^j_{i+1} - 2\left.\frac{\partial^4 C}{\partial x^4}\right|^j_i + \left.\frac{\partial^4 C}{\partial x^4}\right|^j_{i-1} \right) + \frac{\Delta x^2}{12} \left.\frac{\partial^4 C}{\partial x^4}\right|^j_i$$

右辺第 2 項を省略すれば,

$$f_2 - \frac{\partial^2 C}{\partial x^2} \fallingdotseq \frac{\Delta x^2}{24} \left.\frac{\partial^4 C}{\partial x^4}\right|^j_i + \frac{\Delta x^2}{12} \left.\frac{\partial^4 C}{\partial x^4}\right|^j_i = \frac{\Delta x^2}{8} \left.\frac{\partial^4 C}{\partial x^4}\right|^j_i \tag{2.16}$$

次に図 2.3 の柱状図に示すように S_i 区間を n 個の小区間に分けて上述の積分計算の代わりに部分求積で平均値 $\bar{C}^j_i$ を求めると,次のようになる.図 2.3 において i 点より $\pm m$ 番目の小区間の濃度 $C^j_{i\Delta x \pm (m\Delta x/n)}$ を $i\Delta x$ のまわりに Taylor 展開すると,

$$C^j_{i\Delta x \pm (m\Delta x/n)} = C^j_i \pm \frac{m\Delta x}{n} \left.\frac{\partial C}{\partial x}\right|^j_i + \frac{1}{2} \left(\frac{m\Delta x}{n}\right)^2 \left.\frac{\partial C}{\partial x^2}\right|^j_i + \cdots$$

$$\therefore \bar{C}^j_i = \frac{1}{n} \sum_{m=-(n-1)/2}^{(n-1)/2} C^j_{i\Delta x \pm (m\Delta x/n)} = C^j_i + \frac{\Delta x^2}{24} \left(1 - \frac{1}{n^2}\right) \left.\frac{\partial^2 C}{\partial x^2}\right|^j_i$$

$$+ \frac{\Delta x^4}{1920} \left(1 - \frac{1}{n^2}\right)\left(1 - \frac{7}{3n^2}\right) \cdot \left.\frac{\partial^4 C}{\partial x^4}\right|^j_i + \cdots$$

同様にして $\bar{C}^j_{i\pm 1}$ を求め,式 (2.15) から算定した値を f'_2 とし,f'_2 と式 (2.10) との差をとれば,この場合の誤差は,

$$f'_2 - \frac{\partial^2 C}{\partial x^2} = \frac{1}{24}\left(1 - \frac{1}{n^2}\right)\left(\left.\frac{\partial^2 C}{\partial x^2}\right|_{i+1}^{j} - 2\left.\frac{\partial^2 C}{\partial x^2}\right|_{i}^{j} + \left.\frac{\partial^2 C}{\partial x^2}\right|_{i-1}^{j}\right)$$

$$+ \frac{\Delta x^2}{1920}\left(1 - \frac{1}{n^2}\right)\left(1 - \frac{7}{3n^2}\right)\left(\left.\frac{\partial^4 C}{\partial x^4}\right|_{i+1}^{j} - 2\left.\frac{\partial^4 C}{\partial x^4}\right|_{i}^{j} + \left.\frac{\partial^4 C}{\partial x^4}\right|_{i-1}^{j}\right) + \cdots$$

$$+ \frac{\Delta x^2}{12}\left.\frac{\partial^4 C}{\partial x^4}\right|_{i}^{j}$$

式 (2.16) と同様にして,

$$f'_2 - \frac{\partial^2 C}{\partial x^2} \approx \frac{\Delta x^2}{24}\left(1 - \frac{1}{n^2}\right)\left.\frac{\partial^4 C}{\partial x^4}\right|_{i}^{j} + \frac{\Delta x^2}{12}\left.\frac{\partial^4 C}{\partial x^4}\right|_{i}^{j} = \frac{\Delta x^2}{24}\left(3 - \frac{1}{n^2}\right)\left.\frac{\partial^4 C}{\partial x^4}\right|_{i}^{j} \quad (2.17)$$

　式 (2.17) で示される誤差は特性曲線法で S_i 区間内の n 個の粒子が等間隔にある場合の分散項の微分項の誤差に相当している．式 (2.14), (2.16), (2.17) を比較すると，この場合の離散化誤差は explicit (陽形式) 差分法より特性曲線法の方が 1.5 倍程度になるようであるが，オーダー的には同じく Δx^2 のオーダーである．なお，これに分散係数 D を乗じた分散項の誤差は D が大きくなればそれに応じて大きくなってくる．表 2.1 は式 (2.1) の $u = 0$ の場合の 1 次元移流分散方程式,

$$\frac{\partial C}{\partial t} = D\frac{\partial^2 C}{\partial x^2}$$

の境界条件 $C(0, t) = 1.0$, $C(\infty, t) = 0$, 初期条件 $C(x, 0) = 0$ での解析解,

$$C(x, t) = erfc\left(\frac{x}{2\sqrt{Dt}}\right) = \frac{2}{\sqrt{\pi}}\int_{x/2\sqrt{Dt}}^{\infty} e^{-\eta^2}d\eta \quad (2.18)$$

を用いて算定した $\partial^2 C/\partial x^2$ および式 (2.16) の特性曲線法の離散化誤差であり，この約 2/3 倍が explicit (陽形式) 差分法の離散化誤差である．表から $\partial^2 C/\partial x^2$ に対する離散化誤差の比率がわかる．またこの比率は時間の経過につれて小さくなる．

表 2.1 1次元移流分散方程式の $\partial^2 C/\partial x^2$ とこれに対する特性曲線法の離散化誤差[(2.16) 式](単位 (%)/cm²)
$[\Delta x = 3.4 \text{ cm}, \Delta t = 37 \text{ s}, D = 0.084 \text{ cm}^2 \text{ s}^{-1}]$

i	$t = 5\Delta t$		$t = 10\Delta t$	
	$\partial^2 C/\partial x^2$	eq. (16)	$\partial^2 C/\partial x^2$	eq. (16)
1	0.0189	− 0.001271	0.0135	− 0.000738
2	− 0.0084	0.002979	0.0032	0.000265
3	− 0.0160	0.001861	− 0.0053	0.000775
4	− 0.0092	− 0.000233	− 0.0081	0.000572
5	− 0.0029	− 0.000544	− 0.0065	0.000135
6	− 0.0006	− 0.000213	− 0.0036	− 0.000114
7	− 0.0001	− 0.000042	− 0.0015	− 0.000139
8	0.0	− 0.000005	− 0.0005	− 0.000080
9		0.0	− 0.0001	− 0.000032
10			0.0	− 0.000009
11				− 0.000002

2.3 特性曲線法の安定条件

差分方程式を空間座標について Fourier 変換し，波数 σ ごとの増幅因子を求め差分方程式の安定性[2)-5)]を調べてみる．式 (2.12) の右辺を 0 とした式，

$$C_i^{j+1} = \left(\frac{\Delta t D}{\Delta x^2} - \frac{u'\Delta t}{2\Delta x}\right) C_{i+1}^j + \left(1 - \frac{2\Delta t D}{\Delta x^2}\right) C_i^j + \left(\frac{\Delta t D}{\Delta x^2} + \frac{u'\Delta t}{2\Delta x}\right) C_{i-1}^j$$

これに Fourier 変換，

$$\hat{C}^j(\sigma) = \int_{-\infty}^{\infty} C_i^j e^{-I\sigma x} dx, \quad I = \sqrt{-1}$$

を行うと，

$$\hat{C}^{j+1}(\sigma) = (a + Ib)\hat{C}^j(\sigma)$$

$$a = 1 - \frac{2\Delta t D}{\Delta x^2}(1 - \cos \sigma \Delta x), \qquad b = -\frac{u'\Delta t}{\Delta x}\sin \sigma \Delta x \qquad (2.19)$$

この場合の増幅因子は $\hat{q} = a + Ib$ であり $|\hat{q}| = \sqrt{a^2 + b^2} \leq 1$ のとき安定である．とくに $u' = 0$ の場合は，

$$0 \leq \frac{\Delta t D}{\Delta x^2} \leq 0.5 \tag{2.20}$$

特性曲線法については各粒子の濃度変化を数値計算の基本としていることから粒子濃度の差分式についてその安定性を検討する．なお差分式として修正法の式 (2.8) は取り扱いがかなり複雑となることから，式 (2.6) について行う．いま式 (2.3) の n を各区間で一定と考えれば，

$$C^{j+1}(K) = C^j(K) + \frac{\Delta t D}{n \Delta x^2} \left[\sum_{l_{i+1}=1}^{n} C^j(l_{i+1}) - 2 \sum_{l_i=1}^{n} C^j(l_i) + \sum_{l_{i-1}=1}^{n} C^j(l_{i-1}) \right] \tag{2.21}$$

粒子間隔 δX がすべて等しい場合を考え，K 番目の粒子濃度 $C^j(K)$ の Fourier 変換を行えば，

$$\hat{C}^j(K) = \int_{-\infty}^{\infty} e^{-I\sigma X} C^j(K) dX, \quad \text{ここに } K = X/\delta X \tag{2.22}$$

また $(K+m)$ 番目の粒子濃度 $C^j(K+m)$ の Fourier 変換は，

$$\hat{C}^j(K+m) = \int_{-\infty}^{\infty} e^{-I\sigma X} C^j(K+m) dX$$

$$= e^{I\sigma m \delta X} \int_{-\infty}^{\infty} e^{-I\sigma(X+m\delta X)} C^j(K+m) d(X + m\delta K) = e^{I\sigma m \delta X} \hat{C}^j(K)$$

これらの式を用いて式 (2.21) の右辺の各粒子濃度について Fourier 変換し等比級数の和を求めれば，

$$\hat{C}^{j+1}(K) = \hat{C}^j(K) + \frac{\Delta t D}{n \Delta x^2} \{ e^{-(3n-1)I\sigma\delta X/2} - e^{-(n-1)I\sigma\delta X/2} - 2(e^{-(n-1)I\sigma\delta X/2} - e^{(n+1)I\sigma\delta X/2})$$

$$+ e^{(n+1)I\sigma\delta X/2} - e^{(3n+1)I\sigma\delta X/2} \} \frac{\hat{C}^j(K)}{1 - e^{I\sigma\delta X}}$$

すなわち，

$$\hat{C}^{j+1}(K) = \hat{Q}_1 \hat{C}^j(K) \tag{2.23}$$

ここに，

$$\hat{Q}_1 = 1 - \frac{4\sin^3(\sigma\Delta x/2)}{\sin(\sigma\Delta x/2n)} \cdot \frac{\Delta t D}{n\Delta x^2}$$

したがって特性曲線法で粒子濃度が時間が経過しても発散しないためには式 (2.23) の増幅因子が $-1 \leq \hat{Q}_1 \leq 1$ の条件を満足する必要がある．したがって $\Delta t D/\Delta x^2 = \lambda_1$ のとりうる範囲は，

$$0 \leq \lambda_1 \leq f(\theta, n) \tag{2.24}$$

ここに，

$$f(\theta, n) = \frac{2n \cdot \sin(\theta/n)}{4\sin^3\theta}, \qquad \theta = \frac{\sigma\Delta x}{2} \tag{2.25}$$

図 2.4 には n をパラメータとして $f(\theta, n)$ のグラフを示している．$f(\theta, n)$ の最小値を与える θ は $n = 1$ 個のときには，$\theta = \pi/2$，n を増すにつれて小さくなっていく．この図より $\lambda_1 = \Delta t D/\Delta x^2$ は各 n に対して，その黒丸点以下の値が必要である．なおこの結果は粒子が等間隔の場合の算定結果であるので $n = 1$ は粒子の位置が格子点位置に一致している場合であり explicit 差分法と同じになる．したがって安定条件は式 (2.20) と同じ結果となっている．

次に，次式で示す 2 次元移流分散方程式について同様の評価を行ってみよう．

$$\frac{dC}{dt} = \frac{\partial C}{\partial t} + u'\frac{\partial C}{\partial x} + v'\frac{\partial C}{\partial y} = D_x\frac{\partial^2 C}{\partial x^2} + D_y\frac{\partial^2 C}{\partial x^2} \tag{2.26}$$

ここに u'，v' は x および y 方向の実流速，D_x，D_y は x および y 方向の分散係数である．図 2.5 に各区分領域の x 方向に M_x 個，y 方向に M_y 個の粒子を配置したモデルを示している．特性曲線法により式 (2.26) を差分化すれば，

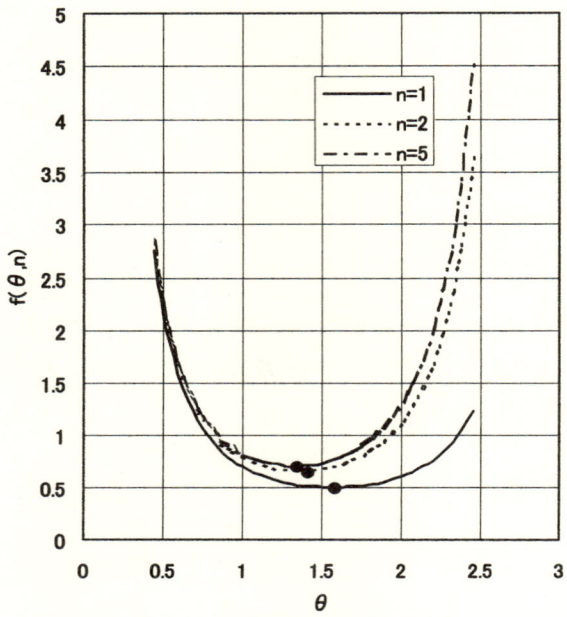

図 2.4　$f(\theta, n) \sim \theta, n$ の関係（・印は最小値）

$$\delta C_{i_x,i_y}^{j+1} = \frac{D_x}{M_x M_y \Delta x^2} \left[\sum C^j(l_{i_x+1,i_y}) - 2\sum C^j(l_{i_x,i_y}) + \sum C^j(l_{i_x-1,i_y}) \right]$$

$$+ \frac{D_y}{M_x M_y \Delta y^2} \left[\sum C^j(l_{i_x,i_y+1}) - 2\sum C^j(l_{i_x,i_y}) + \sum C^j(l_{i_x,i_y-1}) \right] \quad (2.27)$$

ここに $\Delta x, \Delta y$ は x, y 方向の区分領域の長さである．そこで，粒子 K についての濃度変化の式(ここでも簡単のために Pinder らの式 (2.6) を用いる)，

$$C^{j+1}(K) = C^j(K) + \delta C_{i_x,i_y}^{j+1} \quad (2.28)$$

に $C^j(K)$ の 2 重 Fourier 変換，

$$\hat{C}^j(K) = \int_{-\infty}^{\infty} \int_{-\infty}^{\infty} e^{-I\sigma_x X} e^{-I\sigma_y Y} C^j(K) dX dY$$

第 2 章　特性曲線法

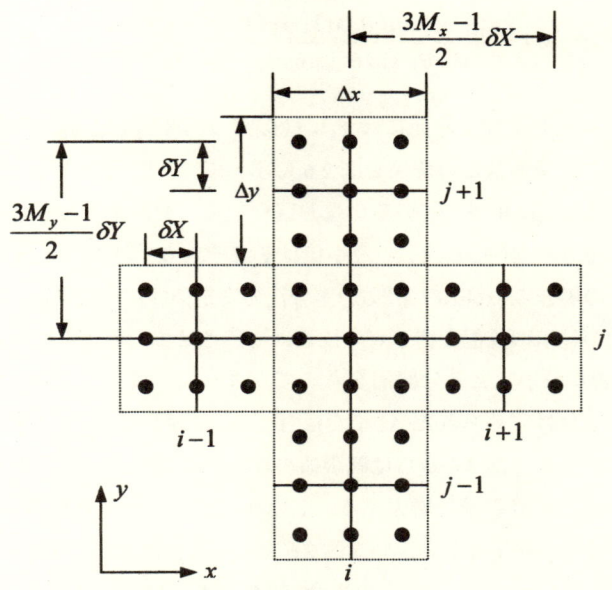

図 2.5　2 次元の粒子配置図
(M_x, M_y は区分領域の x, y 方向の粒子数)

を行うと，この場合の増幅因子 $\hat{Q}_2$ は

$$\hat{Q}_2 = 1 - 4\Delta t \left\{ \left(\frac{D_x}{\Delta x^2}\right) \sin^3\left(\frac{\sigma_x \Delta x}{2}\right) \cdot \sin\left(\frac{\sigma_y \Delta y}{2}\right) \right.$$

$$\left. + \left(\frac{D_y}{\Delta y^2}\right) \sin^3\left(\frac{\sigma_y \Delta y}{2}\right) \cdot \sin\left(\frac{\sigma_x \Delta x}{2}\right) \right\}$$

$$\cdot \frac{1}{M_x \cdot M_y \cdot \sin(\sigma_x \Delta x / 2 M_x) \cdot \sin(\sigma_y \Delta y / 2 M_y)} \tag{2.29}$$

いま $\Delta t D_x / \Delta x^2 = \Delta t D_y / \Delta y^2 = \lambda_2$ とし，$M_x = M_y = M$ の場の $-1 \le \hat{Q}_2 \le 1$ の条件を求めると，

$$0 \le \lambda_2 \le g(\theta_x, \theta_y, M), \quad \theta_x = \frac{\sigma_x \Delta x}{2}, \quad \theta_y = \frac{\sigma_y \Delta y}{2} \tag{2.30}$$

$$g(\theta_x, \theta_y, M) = \frac{M^2 \sin(\theta_x/M) \cdot \sin(\theta_y/M)}{2 \sin\theta_x \cdot \sin\theta_y (\sin^2\theta_x + \sin^2\theta_y)} \qquad (2.31)$$

以上の1次元および2次元に対する$f(\theta, n)$および$g(\theta_x, \theta_y, M)$の最小値と区分領域内の粒子個数との関係を図2.6に示している．図の1次元の場合の点は図2.4の黒丸点に相当している．なお区分領域に配置する粒子の個数が1個の場合は$f(\theta, 1)$，$g(\theta_x, \theta_y, 1)$の最小値はそれぞれ0.5および0.25で，いずれも流速が0の場合のexplicit（陽形式）差分法の安定条件に一致する．これは1個の場合はその粒子の位置を格子点の位置に一致させているからである．次に図2.6から適切な粒子数と差分間隔を考えてみよう．一般にλ_1またはλ_2の制限値が大きくなれば定められたΔxまたは$\Delta x, \Delta y$に対してΔtを大きくでき計算量を減少できるが，図2.6からは制限値の増大につれnを大きくする必要があり，この点からは計算量は増大する．したがってなるべく制限値は大きく，nは小さくすることが望ましい．いま図2.6をみると両曲線とも同じ傾向を示し，1次元の場合で$n = 2 \sim 3$，2次元の場合で$M_x = M_y = M = 2 \sim 3$を超えると，λ_1，λ_2の制限値の増加は少なく，ほぼその極限値，$\lim_{n \to \infty} \text{Min} \cdot f(\theta, n) = 0.726$および$\lim_{M \to \infty} \text{Min} \cdot g(\theta_x, \theta_y, M) = 0.476$に近い値を示している．したがって各区分領域内の粒子の配置個数は1次元の場合$n = 2 \sim 3$個，2次元の場合$M_x = M_y = M = 2 \sim 3$個程度が適切と考えられ，あまり多くの粒子数を必要としないようである．次に，差分間隔については，$\lambda_1 = \Delta t D/\Delta x^2 \leq 0.72$また$\lambda_2 = \Delta t D_x/\Delta x^2 = \Delta t D_y/$

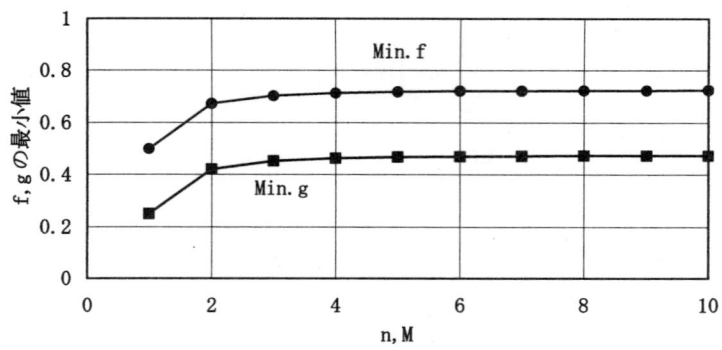

図2.6　差分間隔の制限値
（$\lambda_1 = \Delta t D/\Delta x^2$, $\lambda_2 = \Delta t D_x/\Delta x^2 = \Delta t D_y/\Delta y^2$）

$\Delta y^2 \leq 0.47$ を格子間隔 Δx または Δx, Δy および時間間隔 Δt を満たすように選べばよいであろう．以上は粒子が等間隔を維持し，区分領域に適当な数の粒子が存在する理想的な状態の安定条件である．しかし，実際の適用にあたっては場所によって流速が異なる場合には粒子の配列が不規則になること，また標準法の場合には区分領域内の全粒子に一定の濃度増分を与えるために計算精度の低下が想定される．したがって通常の熱伝導方程式の explicit（陽形式）差分法に対する安定条件，$\lambda_1 = \Delta t D/\Delta x^2 < 0.5$ または $\lambda_2 = \Delta t D_x/\Delta x^2 = \Delta t D_y/\Delta y^2 < 0.25$ を目安に間隔を決める方が無難である．

2.4　解析解との比較

まず1次元移流分散方程式 (2.1) で条件 $C(0, t) = C_0$, $C(\infty, t) = 0$, $C(x, 0) = 0$ を与えた場合の解析解[6]，

$$\frac{C(x, t)}{C_0} = \frac{1}{2}\left\{ erfc\left(\frac{x - u't}{2\sqrt{Dt}}\right) + e^{\frac{u'x}{D}} erfc\left(\frac{x + u't}{2\sqrt{Dt}}\right)\right\} \tag{2.32}$$

と，特性曲線法の標準法(式 (2.6))および修正法(式 (2.8))による数値解とを比較する．この場合の特性曲線法の FORTRAN によるプログラムを Sample-p1 として付録1に示す．表 2.2 は1区間に粒子を等間隔に5個配置した $\Delta t D/\Delta x^2 =$ 0.4 および 0.5 の場合を示している．ここでは $\Delta x = 3.4$ cm, $\Delta t = 37$ s, $u' = 0.046$ cm s^{-1} で時刻 $t = 10\Delta t$ における濃度分布である．$\Delta t D/\Delta x^2 = 0.5$ のときには式 (2.6), (2.8) とも大差ないが，$\Delta t D/\Delta x^2 = 0.55$ のときには式 (2.6) では計算誤差が大きくなって負や 100% 以上の濃度が生じている．これに比べて式 (2.8) は比較的精度よく計算されている．この原因は前述のように同一区間内の粒子に一律に等しい濃度増分を与える式 (2.6) では，式 (2.8) に比べて区間境界を境にして相隣る粒子間の濃度に不連続を生じ，これが各時間ステップごとに発生していくためである．

次に式 (2.8) と explicit（陽形式）差分法とを比較してみよう．$u' = 0$ の場合，すなわち分散項のみの場合を表 2.3 に示している．時刻は $t = 40\Delta t$ である．ここでは粒子は常に等間隔としているので，特性曲線法の $n = 1$ の場合は explicit

表 2.2　1 次元移流分散方程式の解(算定濃度 %)
　　　　(特性曲線法の Pinder らの方法とその修正法との比較)
　　　　[$\Delta x = 3.4$ cm, $\Delta t = \Delta x/(2u') = 37$ s, $u' = 0.046$ cm s^{-1}, $t = 10\Delta t$ s の値]

C%	$\Delta t D/\Delta x^2 = 0.50 (D = 0.156$ cm^2 s^{-1})			$\Delta t D/\Delta x^2 = 0.55 (D = 0.182$ cm^2 s^{-1})		
	解析解	特性曲線法, $n = 5$		解析解	特性曲線法, $n = 5$	
i		式 (2.6)	式 (2.8)		式 (2.6)	式 (2.8)
1	100.00	100.00	100.00	100.00	100.00	100.00
2	97.57	99.39	96.51	97.36	103.60	97.01
3	92.81	86.47	90.65	92.46	78.16	88.66
4	85.15	90.30	84.08	84.84	99.68	85.23
5	74.55	65.95	72.22	74.53	55.34	70.43
6	61.69	67.47	60.51	62.16	78.68	62.61
7	47.84	39.29	45.20	48.87	29.43	44.04
8	34.53	39.37	33.92	36.00	50.59	37.45
9	23.07	17.83	21.65	24.73	11.99	21.38
10	14.21	16.42	14.44	15.78	21.59	16.70
11	8.04	7.85	8.64	9.32	8.63	10.06
12	4.16	3.26	3.68	5.09	2.37	3.24
13	1.97	3.43	2.96	2.56	6.46	5.72
14	0.85	− 0.61	− 0.32	1.19	− 2.33	− 2.50
15	0.34	1.14	1.49	0.51	2.44	3.76
16	0.12	− 0.28	− 0.73	0.20	− 0.71	− 2.08
17	0.04	0.14	0.50	0.07	0.32	1.28
18	0.01	− 0.02	− 0.20	0.02	− 0.06	− 0.53
19	0.00	0.01	0.08	0.01	0.01	0.20
20	0.00	0.00	− 0.02	0.00	0.00	− 0.06
21	0.00	0.00	0.01	0.00	0.00	0.01

(陽形式)差分法と一致する．表によると分散項のみの場合には精度は式 (2.8) の $n = 4$ の場合がやや劣るようであるが，その相違は少なく特性曲線法と explicit (陽形式)差分法の精度は同程度であり，解析解にほぼよい一致を示している．なお式 (2.8) ($n = 4$) の場合に精度がやや劣るのは前述のように式 (2.17) の分散項の離散化誤差が式 (2.14) のそれよりやや大きいことによるものである．次に流速がある場合には図 2.7 に示すように explicit (陽形式)差分法，および implicit (陰形式)差分法とも移流項の離散化で発生すると考えられる誤差が現れているが，式 (2.8) ではこのための誤差はなく，$u' = 0$ の場合と同程度で解析解

表 2.3 1次元移流分散方程式の解(算定濃度 %)
(分散項の離散化誤差の影響)

$$\left[\begin{array}{l}\Delta x = 3.4 \text{ cm}, \Delta t = 37 \text{ s}, u' = 0.0 \text{ cm s}^{-1}, D = 0.084 \text{ cm}^2 \text{ s}^{-1},\\ \Delta t D/\Delta x^2 = 0.269, t = 40\Delta t \text{ s の値}\end{array}\right]$$

$C\%$ i	解析解	explicit 差分法	特性曲線法 式 (2.8) $n=4$	$C\%$ i	解析解	explicit 差分法	特性曲線法 式 (2.8) $n=4$
1	100.00	100.00	100.00	12	1.77	1.78	1.81
2	82.93	83.06	83.01	13	0.97	0.96	0.99
3	66.64	66.86	66.79	14	0.51	0.50	0.52
4	51.78	52.07	51.98	15	0.25	0.25	0.26
5	38.85	39.16	39.07	16	0.12	0.12	0.12
6	28.11	28.40	28.32	17	0.06	0.05	0.06
7	19.59	19.83	19.78	18	0.03	0.02	0.03
8	13.13	13.31	13.29	19	0.01	0.01	0.01
9	8.46	8.58	8.58	20	0.00	0.00	0.00
10	5.23	5.31	5.32	21	0.00	0.00	0.00
11	3.11	3.14	3.17				

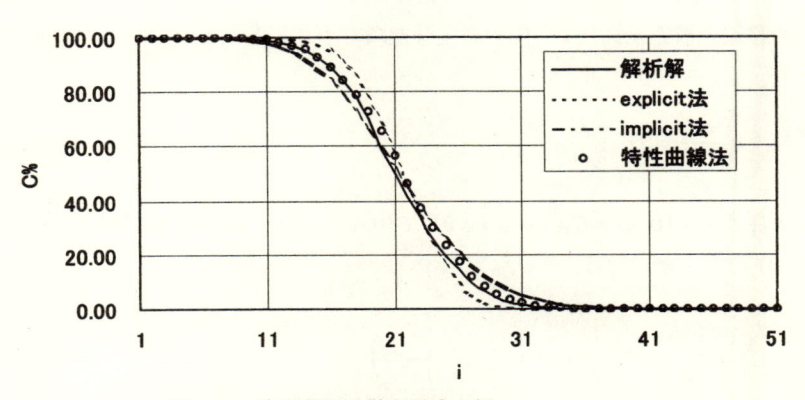

図 2.7 1次元移流分散方程式の解

$$\left[\begin{array}{l}\Delta x = 3.4 \text{ cm}, \Delta t = \Delta x/(2u') = 37 \text{ s}, u' = 0.046 \text{ cm s}^{-1},\\ D = 0.084 \text{ cm}^2 \text{ s}^{-1}, \Delta t D/\Delta x^2 = 0.269, t = 40\Delta t \text{ s の値}\end{array}\right]$$

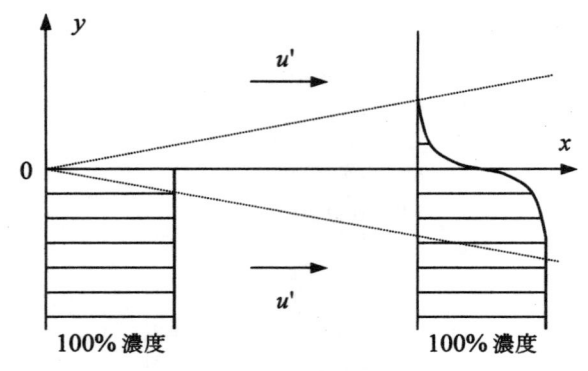

図 2.8 2次元移流分散モデル

とよい一致を示している．以上のように従来の差分法では移流項が卓越してくるとこの項の離散化誤差が大きくなり，算定結果の精度が悪くなることがわかる．

次に2次元移流分散方程式の特性曲線法による算定結果を示す．図2.8に示すような無限浸透領域に一様流速 u' があって $x=0$ における y 軸下方の部分が100% 塩分濃度をもっている場合の定常状態の濃度分布を求めてみる．この場合の移流分散方程式は x 方向の濃度分散項を小さいとして無視すれば式 (2.26) より，

$$u' \frac{\partial C}{\partial x} = D_y \frac{\partial^2 C}{\partial y^2} \tag{2.33}$$

境界条件 $C(0, y) = C_0 (-\infty < y \leq 0)$, $C(0, y) = 0 (0 < y < \infty)$, $\partial C/\partial C = 0 (y \to \infty, x \geq 0)$ のもとでの解は，

$$\frac{C(x, y)}{C_0} = \frac{1}{2} erfc\left(\frac{y}{2\sqrt{D_y x/u'}}\right) \tag{2.34}$$

である．いまこれと数値解との比較を行ってみる．

式 (2.33) は微分方程式，

$$\frac{\partial C}{\partial t} + u' \frac{\partial C}{\partial x} = D_x \frac{\partial^2 C}{\partial x^2} + D_y \frac{\partial^2 C}{\partial y^2} \tag{2.35}$$

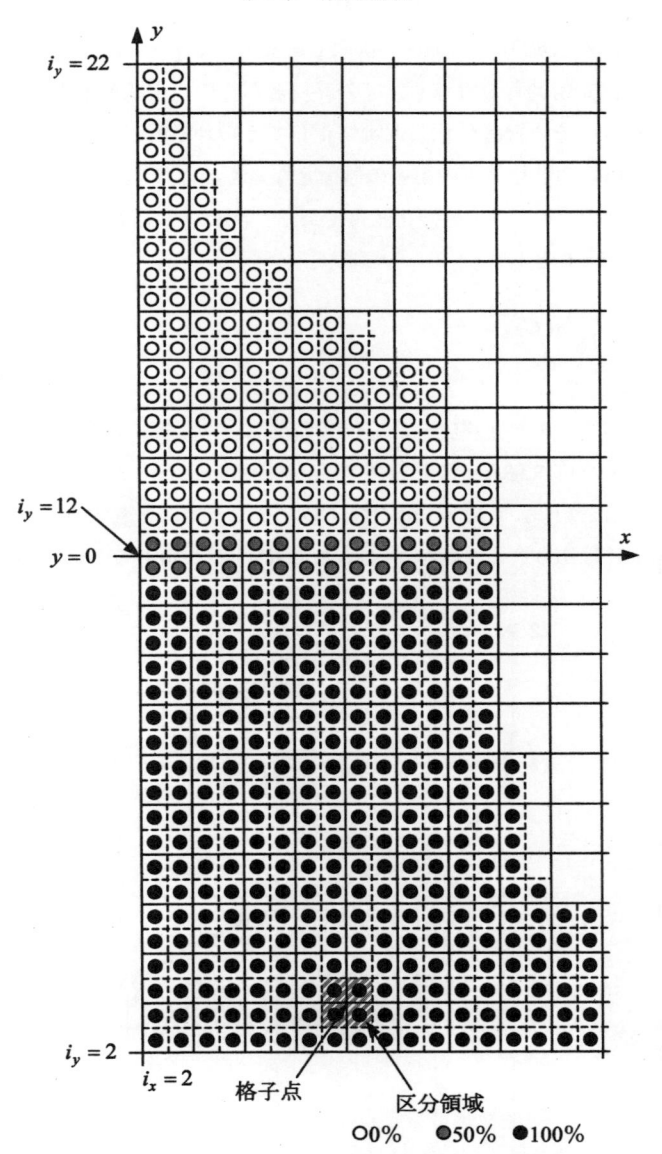

図 **2.9** 2次元移流分散計算の粒子の配置
（粒子数 $M_x = M_y = 2$）

で $\partial C/\partial t \approx 0$, $\partial^2 C/\partial x^2 \approx 0$ となった状態であるので explicit（陽形式）差分法では式 (2.35) で非定常過程を計算し，その終局としての定常状態を求めた．なおこの解は式 (2.33) を直接差分化し逐次修正してえられる解と同じになると考えられる．この場合の計算結果の誤差の原因となるものは式 (2.35) の左辺の移流項と右辺の分散項 $\partial^2 C/\partial y^2$ の離散化誤差である．次に特性曲線法では式 (2.26) で $v' = 0$, $\partial^2 C/\partial x^2 = 0$ とした式,

$$\frac{dC}{dt} = D_y \frac{\partial^2 C}{\partial y^2} \tag{2.36}$$

を用いて基本的に1次元移流分散方程式の計算と同じ算定法をとる．この場合の特性曲線法の FORTRAN によるプログラムを Sample-p2 として付録2に示す．まず粒子を図2.9に示すように全領域にわたって一様に配置する．次に $y \leq 0$ の部分の粒子には100%の濃度を，$y = 0$ 上の粒子には50%を，$y > 0$ の部分の粒

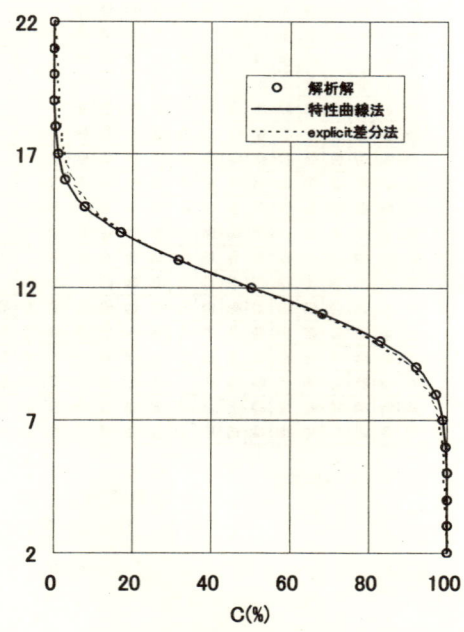

図 2.10　$x = 35$ cm での 2 次元移流分散方程式の定常解
（$u = 0.02$ cm s^{-1}, $D = 0.008$ cm^2 s^{-1} の解）

子には 0% を与え，一様流速 u' で粒子を移動させる．各格子点に対する区分領域は点線で囲まれた領域で，この中に含まれる粒子の濃度の平均値を格子点の濃度として $D_y \partial^2 C / \partial y^2$ の離散値を求める．なお，本計算では各粒子に加える濃度増分は式 (2.6) のように格子点の濃度増分を均一に加えた．濃度が定常状態に達したかどうかについては格子点濃度の時間による変動の有無から判定する．算定結果を図 2.10 に示している．特性曲線法は explicit（陽形式）差分法より解析解と一致している．

以上のことから特性曲線法は他の差分法に比べて移流項に依存しない計算法であり，流速が大きく移流項が分散項よりも卓越するような計算に適している．

参考文献

1) G. F. Pinder and H. H. Cooper: A Numerical technique for calculating the transient position of the saltwater front, *Water Resources Research*, Vol. 6, No. 3, pp. 875–882, June 1970.
2) 赤坂　隆：『数値計算』，コロナ社，p. 419, 1971.
3) 伊藤　剛編：『数値解析の応用と基礎(水理学を中心として)』，アテネ出版，1971.
4) 山口昌哉・野木達夫：『数値解析の基礎』，共立出版，1968.
5) 村岡浩爾・中辻啓二：「河川流の非定常拡散解析における数値解析の誤差」，土木学会論文報告集，第 213 号，p. 7, 1973 年 5 月．
6) A. Ogata and R. B. Banks: A solution of the differential equation of longitudinal dispersion in porous media, *U.S. Geological Survey Professional Paper*, 411-A, 1961.

付録1

```
C ****************************************************************
C *                                                              *
C *      特性曲線法による                                         *
C *         1次元移流分散方程式の数値解析プログラム              *
C *              FILE NAME:Sample-p1.FOR                         *
C *                                                              *
C ****************************************************************
C
C      XR ....... 粒子の座標
C      CR ....... 粒子の濃度
C      C ........ 格子点の濃度
C      CD ....... 格子点の仮濃度
C      DC ....... 濃度の増分
C      NAMER .... 区分領域内の粒子番号
C      IMAX ..... 最大格子点番号
C      NN ....... 初期の区分領域内の粒子数
C      DX ....... 格子点間隔
C      DT ....... 時間間隔
C      U ........ 実流速
C      EE ....... =U*DT/(DX*DX)
C      D ........ 分散係数
C      SX ....... 初期状態の粒子間隔
C      IEND ..... 最終ステップ数
C
       IMPLICIT REAL*8 (A-H,O-Z)
       REAL*8 XR(3000),CR(3000)
       REAL*8 C(100),CD(100),DC(100)
       INTEGER NAMER(20)
       CHARACTER*20 FILE1
C
       WRITE(*,*) '    特性曲線法による1次元移流分散方程式の解析'
       WRITE(*,*) '      境界条件：C(1)=100.0% , C(IMAX)=0.0%'
       WRITE(*,*) '      解析領域：170.0  cm'
       WRITE(*,*) '      格子間隔：  3.4  cm'
       WRITE(*,*) '      時間間隔： 37.0 sec'
       WRITE(*,*) '      分割数  ： 50'
C
       WRITE(*,*) '1-標準法,2-修正法:いずれかを選択してください'
       READ(*,*) MVER
       IF (MVER.NE.1) MVER=2
```

```fortran
      IF (MVER.EQ.1) THEN
          WRITE(*,*) '    *** 標準法  EQ(2.6) ***'
        ELSE
          WRITE(*,*) '    *** 修正法  EQ(2.8) ***'
      END IF
C
C ***** 定数 *****
C
      IMAX=51
      DX=3.4
      DT=37.0
C
      WRITE(*,*) '    区分領域の粒子数    = '
      READ(*,*) NN
      WRITE(*,*) '    流速(cm/sec)        = '
      READ(*,*) U
      WRITE(*,*) '    DT*D/(DX*DX)        = '
      READ(*,*) EE
      WRITE(*,*) '    最終ステップ        = '
      READ(*,*) IEND
C
      WRITE(*,*) '結果を保存するファイル名を入力してください'
      READ(*,701) FILE1
  701 FORMAT(A20)
C
C ***** 格子点の初期濃度 *****
C
      C(1)=100.0
      DO 90 I=2,IMAX
      C(I)=0.0
   90 CONTINUE
C
C ***** 移動粒子の初期位置と初期濃度 *****
C
      SX=DX/DFLOAT(NN)
      KC=MOD(NN,2)
      IF (KC.EQ.1) THEN
          KOSU=(IMAX-1)*NN+1
          SSX=0.0
        ELSE
          KOSU=(IMAX-1)*NN
          SSX=0.5*SX
```

```
      END IF
C
      DO 100 I=1,KOSU
      XR(I)=SSX+SX*(I-1)
  100 CONTINUE
C
      DO 180 I=1,IMAX
      X1=(I-1)*DX-0.5*DX
      X2=(I-1)*DX+0.5*DX
      IF (I.EQ.1) X1=0.0
      IF (I.EQ.IMAX) X2=(IMAX-1)*DX
C
      DO 181 J=1,KOSU
      IF (XR(J).GE.X1.AND.XR(J).LT.X2) THEN
         CR(J)=C(I)
      END IF
  181 CONTINUE
  180 CONTINUE
C
C ***** 計算スタート *****
C
      ITIME=0
 1000 ITIME=ITIME+1
      WRITE(*,600) ITIME
  600 FORMAT(2X,'STEP = ',I3)
C
C ***** 粒子の移動 *****
C
      DO 200 I=1,KOSU
      XR(I)=XR(I)+U*DT
  200 CONTINUE
C
C ***** 粒子の移動後の格子点の仮濃度(CD) *****
C
      CD(1)=100.0
      CD(IMAX)=0.0
C
      DO 210 I=2,IMAX-1
      X1=(I-1)*DX-0.5*DX
      X2=(I-1)*DX+0.5*DX
      K=0
      DO 220 J=1,KOSU
```

```
      IF (XR(J).GE.X1.AND.XR(J).LT.X2) THEN
          K=K+1
          NAMER(K)=J
      END IF
  220 CONTINUE
C
      MMM=K
      IF (MMM.EQ.0) THEN
          WRITE(*,*) '区分領域に粒子無し！ - ITIME,I',ITIME,I
          STOP
      END IF
C
      S=0.0
      DO 230 J=1,MMM
      M=NAMER(J)
      S=S+CR(M)
  230 CONTINUE
      CD(I)=S/MMM
  210 CONTINUE
C
C ***** 濃度の増分の計算(DC) *****
C
      DC(1)=0.0
      DC(IMAX)=0.0
C
      DO 250 I=2,IMAX-1
      DC(I)=EE*(CD(I+1)-2.0*CD(I)+CD(I-1))
  250 CONTINUE
C
C ***** 格子点の濃度(CI,J+1) *****
C
      DO 260 I=1,IMAX
      C(I)=CD(I)+DC(I)
  260 CONTINUE
C
C ***** 粒子の濃度(CJ+1(K)) *****
C
C +++++ 領域を飛び出した粒子を X=0 近くに戻す +++++
C
      DO 350 M=1,KOSU
      IF (XR(M).GT.(IMAX-1)*DX) THEN
          XX=XR(M)-(IMAX-1)*DX
```

```
            XR(M)=XX
          END IF
      350 CONTINUE
C
C +++++ 境界条件 +++++
C
          X1= 0.0
          X2= 0.5*DX
          DO 320 M=1,KOSU
          IF (XR(M).GE.X1.AND.XR(M).LT.X2) THEN
              CR(M)=100.0
          END IF
      320 CONTINUE
C
          X1=(IMAX-1)*DX-0.5*DX
          X2=(IMAX-1)*DX
          DO 321 M=1,KOSU
          IF (XR(M).GE.X1.AND.XR(M).LT.X2) THEN
              CR(M)=0.0
          END IF
      321 CONTINUE
C
          IF (MVER.EQ.2) GO TO 399
C
C +++++ 標準法 +++++
C
          DO 300 I=2,IMAX-1
          X1=(I-1)*DX-0.5*DX
          X2=(I-1)*DX+0.5*DX
          DO 322 M=1,KOSU
          IF (XR(M).GE.X1.AND.XR(M).LT.X2) THEN
              CR(M)=CR(M)+DC(I)
          END IF
      322 CONTINUE
      300 CONTINUE
          GO TO 400
C
C +++++ 修正法 +++++
C
      399 CONTINUE
          DO 360 I=2,IMAX-1
          X1=(I-1)*DX-0.5*DX
```

```
          X2=(I-1)*DX+0.5*DX
          DO 370 M=1,KOSU
          IF (XR(M).GE.X1.AND.XR(M).LT.X2) THEN
              GUZAI=XR(M)-(I-1)*DX
              E1=DC(I)
              E2=(DC(I+1)-2.0*DC(I)+DC(I-1))*(GUZAI**2)/(2.0*DX*DX)
              E3=(DC(I+1)-DC(I-1))*GUZAI/(2.0*DX)
              E4=E1+E2+E3
              CR(M)=CR(M)+E4
          END IF
  370 CONTINUE
  360 CONTINUE
C
C ***** 終了チェック *****
C
  400 IF (ITIME.EQ.IEND) GO TO 2000
      GO TO 1000
C
 2000 WRITE(*,610) (I,C(I),I=1,IMAX)
  610 FORMAT(4(3X,'C(',I2,')=',F7.2,3X))
C
      OPEN(UNIT=1,FILE=FILE1)
      IF (MVER.EQ.1) THEN
          WRITE(1,*) '  標準法'
        ELSE
          WRITE(1,*) '  修正法'
      END IF
      WRITE(1,*) '  区分領域の粒子数 = ',NN
      WRITE(1,*) '  流速             = ',U
      WRITE(1,*) '  DT*D/(DX*DX)     = ',EE
      WRITE(1,*) '  ステップ数       = ',IEND
      WRITE(1,700) (I,C(I),I=1,IMAX)
  700 FORMAT(3X,I3,3X,F10.5)
      CLOSE(1)
C
      STOP
      END
```

付録 2

```fortran
C **************************************************************
C *                                                              *
C *      特性曲線法による                                         *
C *        ２次元移流分散方程式の数値解析プログラム              *
C *                        FILE NAME:Sample-p2.FOR              *
C *                                                              *
C **************************************************************
C
C      XR ....... 粒子のx座標
C      YR ....... 粒子のy座標
C      CR ....... 粒子の濃度
C      C ........ 格子点の濃度
C      CD ....... 格子点の仮濃度
C      DC ....... 濃度の増分
C      NAMER .... 区分領域内の粒子番号
C      IMAX ..... x方向の最大格子点番号
C      JMAX ..... y方向の最大格子点番号
C      MX ....... x方向の初期の区分領域内の粒子数
C      MY ....... y方向の初期の区分領域内の粒子数
C      DX ....... x方向の格子点間隔
C      DY ....... y方向の格子点間隔
C      DT ....... 時間間隔
C      U ........ 実流速
C      D ........ 分散係数
C      EE ....... =U*DT/(DY*DY)
C      D ........ 分散係数
C
       IMPLICIT REAL*8 (A-H,O-Z)
       REAL*4 XR(2000),YR(2000),CR(2000)
       REAL*4 C(50,50),CD(50,50),DC(50,50)
       INTEGER NAMER(20)
       CHARACTER*20 FILEO
C
C ***** 定数 *****
C
       IMAX=22
       JMAX=22
       MX=2
       MY=2
       DX=100.0/20.0
       DY= 50.0/20.0
```

```
      WRITE(*,*) '流速を入力して下さい. U=0.02 OR U=0.06 : '
      READ(*,*) U
      D=0.008
      DT=DX/(2.0*U)
      EE=DT*D/(DY*DY)
      SX=DX/DFLOAT(MX)
      SY=DY/DFLOAT(MY)
      SSX=0.5*SX
      SSY=0.5*SY
      WRITE(*,*) 'ステップ数 : '
      READ(*,*) IEND
      WRITE(*,*) 'ファイル名 : '
      READ(*,50) FILEO
   50 FORMAT(A20)
C
C ***** 格子点の初期濃度 *****
C
      DO 90 I=2,IMAX
      C(I,12)=50.0
      DO 91 J=2,11
      C(I,J)=100.0
   91 CONTINUE
      DO 92 J=13,JMAX
      C(I,J)=0.0
   92 CONTINUE
   90 CONTINUE
C
C ***** 移動粒子の初期位置と初期濃度 *****
C
      MMX=(IMAX-2)*MX
      MMY=(JMAX-2)*MY
      KOSU=MMX*MMY
C
      K=0
      DO 100 I=1,MMX
      DO 100 J=1,MMY
      K=K+1
      XR(K)=SSX+(I-1)*SX
      YR(K)=SSY+(J-1)*SY
  100 CONTINUE
C
      DO 180 I=2,IMAX
      X1=(I-2)*DX-0.5*DX
```

```
        IF (I.EQ.2) X1=0.0
      X2=(I-2)*DX+0.5*DX
        IF (I.EQ.IMAX) X2=(IMAX-2)*DX
C
      DO 181 J=2,JMAX
      Y1=(J-2)*DY-0.5*DY
        IF (J.EQ.2) Y1=0.0
      Y2=(J-2)*DY+0.5*DY
        IF (J.EQ.JMAX) Y2=(JMAX-2)*DY
C
      DO 182 K=1,KOSU
      IF (XR(K).GE.X1.AND.XR(K).LT.X2.
     *              AND.YR(K).GE.Y1.AND.YR(K
        CR(K)=C(I,J)
      END IF
  182 CONTINUE
C
  181 CONTINUE
  180 CONTINUE
C
C ***** 計算スタート *****
C
      ITIME=0
 1000 ITIME=ITIME+1
      WRITE(*,190) ITIME
  190 FORMAT(2X,'STEP = ',I3)
C
C ***** 粒子の移動 *****
C
      DO 200 K=1,KOSU
      XR(K)=XR(K)+U*DT
      YR(K)=YR(K)
  200 CONTINUE
C
C ***** 粒子の移動後の格子点の仮濃度(CD) *****
C
      DO 210 I=3,IMAX
      X1=(I-2)*DX-0.5*DX
      X2=(I-2)*DX+0.5*DX
      IF (I.EQ.IMAX) X2=(IMAX-2)*DX
C
      DO 211 J=2,JMAX
      Y1=(J-2)*DY-0.5*DY
```

```
      Y2=(J-2)*DY+0.5*DY
      IF (J.EQ.2) Y1=(J-2)*DY
      IF (J.EQ.JMAX) Y2=(J-2)*DY
C
      M=0
      DO 220 K=1,KOSU
      IF (XR(K).GE.X1.AND.XR(K).LT.X2.
     *              AND.YR(K).GE.Y1.AND.YR(K).LT.Y2) THEN
         M=M+1
         NAMER(M)=K
      END IF
  220 CONTINUE
C
      MMM=M
      IF (MMM.EQ.0) THEN
         WRITE(*,*) '粒子が無い ERROR - ITIME,I,J',ITIME,I,J
         STOP
      END IF
C
      S=0.0
      DO 230 M=1,MMM
      K=NAMER(M)
      S=S+CR(K)
  230 CONTINUE
      CD(I,J)=S/DFLOAT(MMM)
C
  211 CONTINUE
  210 CONTINUE
C
C ***** 濃度の増分の計算(DC) *****
C
      DO 250 I=3,IMAX
      DO 250 J=2,JMAX
      IF (J.EQ.2)     CD(I,1)=CD(I,3)
      IF (J.EQ.JMAX)  CD(I,JMAX+1)=CD(I,JMAX-1)
      DC(I,J)=EE*(CD(I,J+1)-2.0*CD(I,J)+CD(I,J-1))
  250 CONTINUE
C
C ***** 格子点の濃度(C) *****
C
      DO 260 I=3,IMAX
      DO 260 J=2,JMAX
      C(I,J)=CD(I,J)+DC(I,J)
```

```
      260 CONTINUE
C
C ***** 粒子の濃度の変化(C(K)) *****
C
C +++++ 領域を飛び出した粒子を X=0 近くに戻す +++++
C
      DO 300 M=1,KOSU
      IF (XR(M).GE.(IMAX-2)*DX) THEN
          XX=XR(M)-(IMAX-2)*DX
          XR(M)=XX
          YR(M)=YR(M)
      END IF
  300 CONTINUE
C
      X1= 0.0
      X2= 0.5*DX
      DO 310 J=2,JMAX
      Y1=(J-2)*DY-0.5*DY
      Y2=(J-2)*DY+0.5*DY
      IF (J.EQ.2) Y1=0.0
      IF (J.EQ.JMAX) Y2=(JMAX-2)*DY
C
      DO 320 M=1,KOSU
      IF (XR(M).GE.X1.AND.XR(M).LT.X2.
     *                   AND.YR(M).GE.Y1.AND.YR(M).LT.Y2) THEN
          CR(M)=C(2,J)
      END IF
  320 CONTINUE
  310 CONTINUE
C
      DO 330 I=3,IMAX
      X1=(I-2)*DX-0.5*DX
      X2=(I-2)*DX+0.5*DX
      IF (I.EQ.IMAX) X2=(IMAX-2)*DX
C
      DO 340 J=2,JMAX
      Y1=(J-2)*DY-0.5*DY
      Y2=(J-2)*DY+0.5*DY
      IF (J.EQ.2) Y1=0.0
      IF (J.EQ.JMAX) Y2=(JMAX-2)*DY
C
      DO 350 M=1,KOSU
      IF (XR(M).GE.X1.AND.XR(M).LT.X2.
```

```
     *                   AND.YR(M).GE.Y1.AND.YR(M).LT.Y2) THEN
            CR(M)=CR(M)+DC(I,J)
          END IF
  350 CONTINUE
C
  340 CONTINUE
  330 CONTINUE
C
C ***** 終了チェック *****
C
      IF (ITIME.EQ.IEND) GO TO 2000
      GO TO 1000
C
 2000 CONTINUE
C
      WRITE(*,550) (I,I=2,8)
      DO 510 J=JMAX,2,-1
      WRITE(*,520) J,(C(I,J),I=2,8)
  510 CONTINUE
      WRITE(*,550) (I,I=9,15)
      DO 511 J=JMAX,2,-1
      WRITE(*,520) J,(C(I,J),I=9,15)
  511 CONTINUE
      WRITE(*,550) (I,I=16,IMAX)
      DO 512 J=JMAX,2,-1
      WRITE(*,520) J,(C(I,J),I=16,IMAX)
  512 CONTINUE
  550 FORMAT(10X,7(4X,I2,4X))
  500 FORMAT(2X,F6.3)
  520 FORMAT(3X,I2,2X,':',2X,7(2X,F7.2,1X))
C
C ****** 結果のファイル出力 *****
C
      OPEN(UNIT=3,FILE=FILEO)
C
      WRITE(3,20) U
      WRITE(3,21) D
      WRITE(3,22) EE
      WRITE(3,23) IEND
   20 FORMAT(3X,'流速         = ',F8.4)
   21 FORMAT(3X,'分散係数      = ',F8.4)
   22 FORMAT(3X,'DT*D/(DY*DY) = ',F8.4)
   23 FORMAT(3X,'ステップ数    = ',I3)
```

```
      C
            WRITE(3,*) ' '
            WRITE(3,550) (I,I=2,8)
            DO 530 J=JMAX,2,-1
            WRITE(3,520) J,(C(I,J),I=2,8)
        530 CONTINUE
            WRITE(3,*) ' '
            WRITE(3,550) (I,I=9,15)
            DO 531 J=JMAX,2,-1
            WRITE(3,520) J,(C(I,J),I=9,15)
        531 CONTINUE
            WRITE(3,*) ' '
            WRITE(3,550) (I,I=16,IMAX)
            DO 532 J=JMAX,2,-1
            WRITE(3,520) J,(C(I,J),I=16,IMAX)
        532 CONTINUE
            CLOSE(3)
      C
            WRITE(*,600) (J,C(9,J),J=JMAX,2,-1)
        600 FORMAT(3X,I2,2X,F8.3)
      C
            STOP
            END
```

第3章　不均一場における物質輸送

3.1　不均一場における巨視的分散現象

　透水係数や間隙率などの分布が均一で等方的な状態であるとき，地下水流れの中に投入されたトレーサーは，流下距離が大きくなるにしたがって，濃度のピークを低下させ，濃度の分布幅を流れ方向（縦方向）と流れと垂直方向（横方向）に拡げながら流下する．このとき，横方向に対して，縦方向の拡がり幅が卓越することが知られている．このような分散の理論は，均一で等方的な飽和多孔媒体を想定したものであり，現地で測定されるトレーサーまたは汚染物質の分布や，ある観測地点における破過曲線は上述のような理論的な変動とは大きく異なっている．その理由は，土壌や地層の水文地質学的に不均一な構造が地下水流れに影響するためである．

　一般に土壌や地層の構造は，水文地質学的に不均一な構造を有している．たとえば，旧河道の存在や沖積平野の成層構造である．沖積平野では，シルトや粘土が堆積したり，再び隆起して砂やレキが堆積を繰り返すことにより，粘土層やシルト層などの難透水層を挟む構造をしているのが一般的である．このため，水平方向に透水性が高い層と低い層が成層していることが多い．このような帯水層中では，トレーサーや汚染物質は，透水性の高い層中で速く移動し，逆に透水性の低い層中では遅く移動することになる．したがって帯水層全体をひとまとまりとして巨視的なスケールから見たときに，移動の速い部分と遅い部分の差が，流下距離が増すほど大きくなり，みかけの分散，すなわち巨視的分散は大きな値となる．このような成層地盤における巨視的分散が，流下距離にしたがい大きくなるという性質は，たとえばAppelo and Postma[1]のテキスト

に説明されている．また，成層地盤に限らず，局所的に透水性が低い部分が存在するような地盤においても，その部分を迂回するような流れと物質移動が生じて，巨視的分散が起こることがある．さらにカラム実験のような，より微視的なレベルでも，攪乱試料と不攪乱試料の間では，流出トレーサーの破過曲線に大きな違いが生じることが知られている．この理由として不攪乱試料の場合には，団粒構造に起因する粗空隙を選択的にトレーサーが流れることにより，攪乱試料よりも分散が大きくなるためである．いずれにしても，地盤の透水係数に代表されるような特性値の不均一な分布によって，トレーサーや汚染物質の移動が大きく左右されることに注意しなければならない[2]．

本章では室内実験と数値計算を通して，透水係数がランダムに分布する不均一多孔媒体における流れと物質移動に関する特性および巨視的分散の発生機構について説明する．さらに，巨視的分散と不均一場の特性長である積分特性距離との関係について数値実験により説明する．

3.2 不均一場における数値計算モデル適用性の検証および輸送特性

3.2.1 室内実験

ここでは水平方向に卓越した地下水流れによる速い物質輸送と難透水領域への物質輸送について検討するため，多孔質媒体水理試験装置による室内実験[3]に対して数値計算を行った．実験装置では，透水係数の空間分布が不均一性を持つように浸透層を 5 cm×5 cm の領域ごとに粒径の異なるガラス球が分布している．

図 3.1 に実験装置の概略を示す．図中の点は代表的な塩分濃度の測定点を表している．実験装置は上流側と下流側のそれぞれに貯水槽を持つ幅 195 cm，高さ 95 cm，奥行き 10 cm の浸透層からなる．図 3.2 に浸透層内のガラス球の空間分布を示す．

実験では，導電率センサーで 98 点の濃度が，また圧力プローブで 20 点の圧力が測定された．装置の上流側と下流側の貯水槽内の水頭差は 50.5 cm で，トレーサーの注入は，トレーサー注入槽を装置の下流側の貯水槽と水位差をつけて設置し，この圧力により注入点から注入している．ここでは，このトレー

第 3 章　不均一場における物質輸送

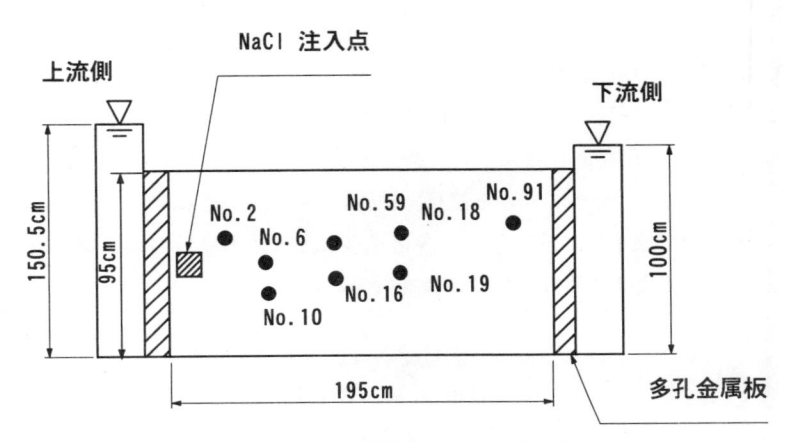

図 3.1　実験装置概略図（核燃料サイクル開発機構による）

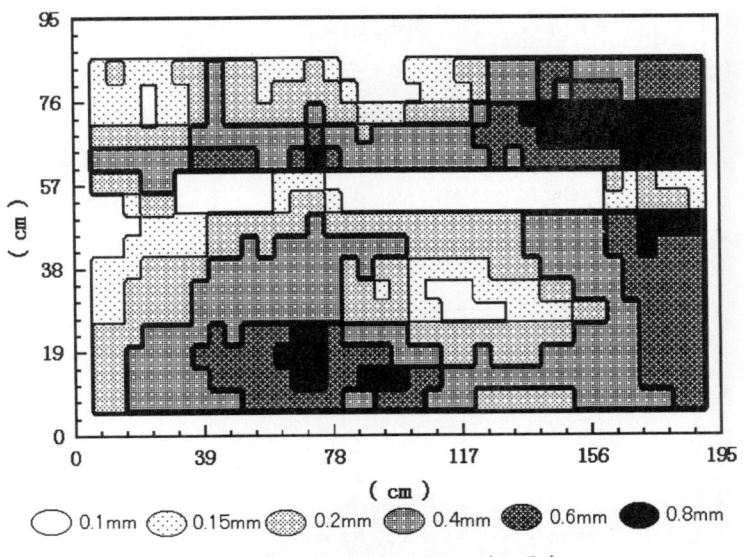

図 3.2　不均一場におけるガラス球の分布

サー注入槽と下流側の貯水槽との水位差を 50 cm としている．

3.2.2 不均一場の特性

　ここで，透水係数の不均一性の統計的特性を調べるため，透水係数の対数変換値に対する自己相関係数について検討した．まず，図 3.2 の浸透場を水平方向に x 軸，鉛直上向きに y 軸をとり，x 方向，y 方向にそれぞれ $\Delta x = \Delta y = 1.25$ cm の刻み幅で格子状に分割した．各格子点ごとに透水係数の対数変換値 $\Psi(x, y)$ を求め，次式により自己相関係数を計算した[4),5)]．

$$R(\xi, \eta) = \frac{\mathrm{E}[(\Psi(x, y) - \overline{\Psi})(\Psi(x+\xi, y+\eta) - \overline{\Psi})]}{\mathrm{E}[(\Psi(x, y) - \overline{\Psi})^2]} \quad (3.1)$$

ここに，x, y: 座標，$\Psi(x, y) = \log_{10} k(x, y)$，$k(x, y)$: 透水係数 (cm s^{-1})，$\xi, \eta$: x および y 方向に対する 2 点間距離 (cm)，$R(\xi, \eta)$: 自己相関係数，E[ ]: 期待値，$\overline{\Psi}$: Ψ の期待値 ($= \mathrm{E}[\Psi(x, y)]$) である．$\eta = 0$ とした場合の x 方向の自己相関係数 $R(\xi, 0)$ および $\xi = 0$ とした場合の y 方向の自己相関係数 $R(0, \eta)$ を図 3.3 に示す．ところで，空間分布の統計量に対する空間自己相関係数については指数型や正規分布型などの適用が試みられている．$R(\xi, 0)$ および $R(0, \eta)$ に対しては指数型の自己相関係数の適用が可能であろう．そこで x 方向および y 方向の積分特性距離をそれぞれ L_x と L_y として，次式のような関係式を仮定する．

$$R(\xi, \eta) = \exp\left[-\sqrt{\left(\frac{\xi}{L_x}\right)^2 + \left(\frac{\eta}{L_y}\right)^2}\right]$$

$\eta = 0$ または $\xi = 0$ のとき，

$$R(\xi, 0) = \exp\left[-\frac{|\xi|}{L_x}\right], \quad R(0, \eta) = \exp\left[-\frac{|\eta|}{L_y}\right] \quad (3.2)$$

ここに，L_x および L_y は $R(\xi, 0)$ および $R(0, \eta)$ の積分特性距離で，相関の長さを表す特性値である．図 3.3 の曲線は上式の L_x, L_y の値を変えて描いたものである．これによると，図 3.2 のような不均一場では積分特性距離がおよそ

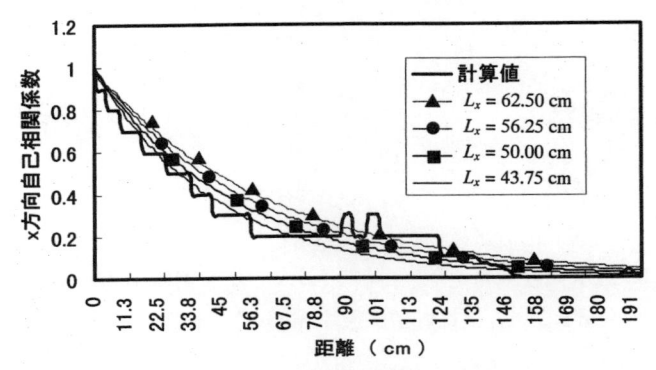

図 **3.3**(a)　x 方向自己相関係数 $R(\xi, 0)$

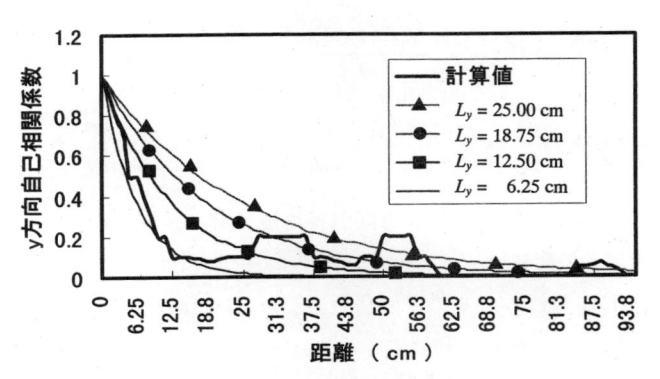

図 **3.3**(b)　y 方向自己相関係数 $R(0, \eta)$

$L_x = 44$ cm,　$L_y = 6$ cm である．すなわち，与えた浸透場では x 方向の相関が y 方向の相関に比べて 7 倍程度大きいことを示している．

3.2.3　数値計算

3.2.3.1　基礎式

基礎式として 2 次元飽和地下水流れの式と，濃度に関する 2 次元移流分散方程式を用いた[6]．

（a）　地下水流れの基礎式

被圧帯水層の中での 2 次元地下水流れの基礎式は，等方性の地盤で次式で示される．

$$S_s \frac{\partial h}{\partial t} = -\frac{\partial u}{\partial x} - \frac{\partial v}{\partial y} \tag{3.3}$$

$$u = -k \frac{\partial h}{\partial x} \tag{3.4}$$

$$v = -k \left(\frac{\partial h}{\partial y} + 1 \right) \tag{3.5}$$

ここで, k: 透水係数 (cm s^{-1}), t: 時間 (s), h: 圧力水頭 (cm), u, v: x, y 方向の Darcy 流速 (cm s^{-1}), S_s は比貯留係数 (cm^{-1}) である.

(b) 物質輸送の基礎式

濃度 $C(x, y, t)$ に関する基礎式は次式で示される.

$$\frac{dC}{dt} = \frac{\partial C}{\partial t} + \frac{\partial (u'C)}{\partial x} + \frac{\partial (v'C)}{\partial y}$$

$$= \frac{\partial}{\partial x} \left(D_{xx} \frac{\partial C}{\partial x} + D_{xy} \frac{\partial C}{\partial y} \right) + \frac{\partial}{\partial y} \left(D_{yx} \frac{\partial C}{\partial x} + D_{yy} \frac{\partial C}{\partial y} \right) \tag{3.6}$$

ここに, u', v' は x 方向および y 方向の実流速であり, 式 (3.4) および式 (3.5) の Darcy 流速との間には $u' = u/\theta, v' = v/\theta$ の関係がある (θ は間隙率). Huyakorn and Pinder[7] によれば, 上式の分散係数 $D_{xx}, D_{xy}, D_{yx}, D_{yy}$ は, 次式のように流速依存型の分散と分子拡散の和で表される.

$$D_{xx} = \frac{\alpha_L u'^2}{V} + \frac{\alpha_T v'^2}{V} + D_M \tag{3.7}$$

$$D_{yy} = \frac{\alpha_T u'^2}{V} + \frac{\alpha_L v'^2}{V} + D_M \tag{3.8}$$

$$D_{xy} = D_{yx} = \frac{(\alpha_L - \alpha_T) u' v'}{V} \tag{3.9}$$

ここに, $V = (u'^2 + v'^2)^{1/2}$ であり, α_L: 縦方向分散長 (cm), α_T: 横方向分散長 (cm) である. なお, 実験浸透層全体を巨視的に見ると不均一・非等方性な帯水層になるが, 各ブロックごとには均一・等方である. そこで α_L, α_T を各ブロック内では一定の微視的分散長を持つと仮定している.

ここで, 式 (3.6)〜(3.9) を式 (2.26) から導いてみよう. 式 (2.26) から x 軸

が流れ方向で，y 軸方向に流れがない場合（$v'=0$）を想定すると，

$$\frac{\partial C}{\partial t} + \frac{\partial (u'C)}{\partial x} = \frac{\partial}{\partial x}\left(D_{xx}\frac{\partial C}{\partial x}\right) + \frac{\partial}{\partial y}\left(D_{yy}\frac{\partial C}{\partial y}\right) \quad (2.26')$$

図 3.4 に示すように，上式は水平・鉛直方向に沿った座標系から β だけ傾いた座標に対する物質輸送を表す式である．いま水平・鉛直方向の座標系を X-Y 座標系として β だけ傾いた座標系を x-y 座標系とする．まず式 (2.26') の左辺第 2 項は，

$$\frac{\partial}{\partial X}\left[\frac{\partial X}{\partial x}(u'C)\right] + \frac{\partial}{\partial Y}\left[\frac{\partial Y}{\partial x}(u'C)\right]$$

$$= \frac{\partial}{\partial X}\left[\cos\beta \cdot (u'C)\right] + \frac{\partial}{\partial Y}\left[\sin\beta \cdot (u'C)\right]$$

$$= \frac{\partial}{\partial X}(u'\cos\beta \cdot C) + \frac{\partial}{\partial Y}(u'\sin\beta \cdot C) = \frac{\partial}{\partial X}(U'C) + \frac{\partial}{\partial Y}(V'C)$$

ただし，図 3.4 より

$$\frac{\partial X}{\partial x} = \cos\beta, \quad \frac{\partial Y}{\partial x} = \cos\left(\frac{\pi}{2} - \theta\right) = \sin\beta,$$

$$\frac{\partial X}{\partial y} = \cos\left(\frac{\pi}{2} + \theta\right) = -\sin\beta, \quad \frac{\partial Y}{\partial y} = \cos\beta$$

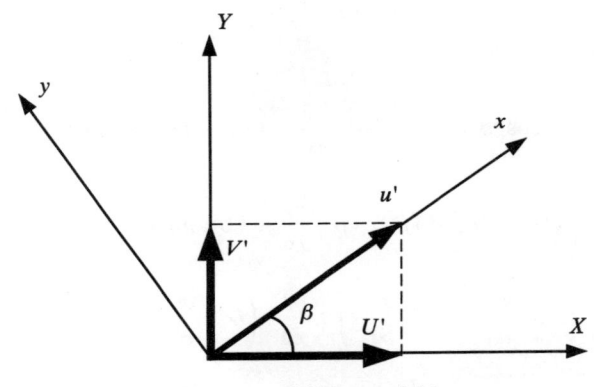

図 3.4 x-y 座標と X-Y 座標

一方，式 (2.26′) の右辺第 1 項は，

$$\frac{\partial}{\partial X}\left[\frac{\partial X}{\partial x}\left(D_{xx}\frac{\partial C}{\partial X}\frac{\partial X}{\partial x}+D_{xx}\frac{\partial C}{\partial Y}\frac{\partial Y}{\partial x}\right)\right]$$

$$+\frac{\partial}{\partial Y}\left[\frac{\partial Y}{\partial x}\left(D_{xx}\frac{\partial C}{\partial X}\frac{\partial X}{\partial x}+D_{xx}\frac{\partial C}{\partial Y}\frac{\partial Y}{\partial x}\right)\right]$$

$$=\frac{\partial}{\partial X}\left(D_{xx}\frac{\partial C}{\partial X}\cos^2\beta+D_{xx}\frac{\partial C}{\partial Y}\cos\beta\sin\beta\right)$$

$$+\frac{\partial}{\partial Y}\left(D_{xx}\frac{\partial C}{\partial X}\sin\beta\cos\beta+D_{xx}\frac{\partial C}{\partial Y}\sin^2\beta\right)$$

右辺第 2 項は，

$$\frac{\partial}{\partial X}\left[\frac{\partial X}{\partial y}\left(D_{yy}\frac{\partial C}{\partial X}\frac{\partial X}{\partial y}+D_{yy}\frac{\partial C}{\partial Y}\frac{\partial Y}{\partial y}\right)\right]$$

$$+\frac{\partial}{\partial Y}\left[\frac{\partial Y}{\partial y}\left(D_{yy}\frac{\partial C}{\partial X}\frac{\partial X}{\partial y}+D_{yy}\frac{\partial C}{\partial Y}\frac{\partial Y}{\partial y}\right)\right]$$

$$=\frac{\partial}{\partial X}\left(D_{yy}\frac{\partial C}{\partial X}\sin^2\beta+D_{yy}\frac{\partial C}{\partial Y}(-\sin\beta\cos\beta)\right)$$

$$+\frac{\partial}{\partial Y}\left(D_{yy}\frac{\partial C}{\partial X}(-\cos\beta\sin\beta)+D_{yy}\frac{\partial C}{\partial Y}\cos^2\beta\right)$$

したがって右辺第 1 項と第 2 項は，

$$\frac{\partial}{\partial X}\left[(D_{xx}\cos^2\beta+D_{yy}\sin^2\beta)\frac{\partial C}{\partial X}+(D_{xx}-D_{yy})\sin\beta\cos\beta\frac{\partial C}{\partial Y}\right]$$

$$+\frac{\partial}{\partial Y}\left[(D_{xx}-D_{yy})\sin\beta\cos\beta\frac{\partial C}{\partial X}+(D_{xx}\sin^2\beta+D_{yy}\cos^2\beta)\frac{\partial C}{\partial Y}\right]$$

$$=\frac{\partial}{\partial X}\left(D_{XX}\frac{\partial C}{\partial X}+D_{XY}\frac{\partial C}{\partial Y}\right)+\frac{\partial}{\partial Y}\left(D_{YX}\frac{\partial C}{\partial X}+D_{YY}\frac{\partial C}{\partial Y}\right)$$

ここで，

$$D_{XX} = D_{xx}\cos^2\beta + D_{yy}\sin^2\beta$$

$$D_{YY} = D_{xx}\sin^2\beta + D_{yy}\cos^2\beta$$

$$D_{XY} = D_{YX} = (D_{xx} - D_{yy})\sin\beta\cos\beta$$

としている．したがって，

$$\frac{\partial C}{\partial t} + \frac{\partial}{\partial X}(U'C) + \frac{\partial}{\partial Y}(V'C)$$

$$= \frac{\partial}{\partial X}\left(D_{XX}\frac{\partial C}{\partial X} + D_{XY}\frac{\partial C}{\partial Y}\right) + \frac{\partial}{\partial Y}\left(D_{YX}\frac{\partial C}{\partial X} + D_{YY}\frac{\partial C}{\partial Y}\right) \quad (3.6')$$

次にもとの座標系で分散係数は，

$$D_{xx} = \alpha_L u' + D_M, \quad D_{yy} = \alpha_T u' + D_M$$

また，$\cos\beta = \dfrac{U'}{u'}$, $\sin\beta = \dfrac{V'}{u'}$, $\tan\beta = \dfrac{V'}{U'}$ であるから，新しい座標系における分散係数は，

$$D_{XX} = D_{xx}\cos^2\beta + D_{yy}\sin^2\beta$$

$$= (\alpha_L u' + D_M)\frac{U'^2}{u'^2} + (\alpha_T u' + D_M)\frac{V'^2}{u'^2} \quad (3.7')$$

$$= \frac{\alpha_L U'^2}{u'} + \frac{\alpha_T V'^2}{u'} + D_M$$

同様に，

$$D_{YY} = D_{xx}\sin^2\beta + D_{yy}\cos^2\beta$$

$$= \frac{\alpha_L V'^2}{u'} + \frac{\alpha_T U'^2}{u'} + D_M \quad (3.8')$$

$$D_{XY} = D_{YX} = (D_{xx} - D_{yy})\sin\beta\cos\beta$$

$$= \frac{(\alpha_L - \alpha_T)U'V'}{u'} \quad (3.9')$$

ここで式 (3.6')〜(3.9') において，u', U', V', D_{XX}, D_{YY}, D_{XY}, D_{YX} を V, u', v', D_{xx}, D_{yy},

D_{xy}, D_{yx} と置き直せば式 (3.6)～(3.9) が得られる.

3.2.3.2 数値計算の方法

数値計算に関して, 地下水流れの基礎式 (3.3) については, implicit (陰形式) の差分法で繰り返し計算を行い, 物質輸送の基礎式 (3.6) については, 特性曲線法を用いる[8),9)]. 図 3.5 には数値計算のフローチャートを示す.

(a) 地下水流れの基礎式の計算

いま式 (3.4) の差分式は次式のようになる.

$$S_s \frac{h_{i,j}^{n+1} - h_{i,j}^n}{\Delta t} = -\frac{u_{i+1/2,j}^{n+1} - u_{i-1/2,j}^{n+1}}{\Delta x} - \frac{v_{i,j+1/2}^{n+1} - v_{i,j-1/2}^{n+1}}{\Delta y} \tag{3.10}$$

ここに, Δt: 差分時間間隔, $\Delta x, \Delta y$: x, y 方向の差分格子間隔, n: 時間ステップ, i, j: x, y 方向の差分格子点である. 式 (3.4) および式 (3.5) を式 (3.10) の右辺に代入し圧力水頭について整理すると次式のようになる.

$$\left[\frac{S_s}{\Delta t} + \frac{1}{\Delta x^2}(k_{i+1/2,j} + k_{i-1/2,j}) + \frac{1}{\Delta y^2}(k_{i,j+1/2} - k_{i,j-1/2}) \right] h_{i,j}^{n+1}$$

$$- \frac{k_{i+1/2,j}}{\Delta x^2} h_{i+1,j}^{n+1} - \frac{k_{i-1/2,j}}{\Delta x^2} h_{i-1,j}^{n+1} - \frac{k_{i,j+1/2}}{\Delta y^2} h_{i,j+1}^{n+1} - \frac{k_{i,j-1/2}}{\Delta y^2} h_{i,j-1}^{n+1} \tag{3.11}$$

$$= \frac{S_s}{\Delta t} h_{i,j}^n + \frac{1}{\Delta y}(k_{i,j+1/2} - k_{i,j-1/2})$$

ここで, 格子点 $i+1/2$ あるいは $j+1/2$ における物理量は, i と $i+1$ あるいは j と $j+1$ の物理量の平均値として与える. 差分式 (3.11) は implicit (陰形式) であるために, 反復計算が必要となる. ここでは, 次式により反復計算を行う.

$$^{m+1}h_{i,j}^{n+1} = {}^m h_{i,j}^{n+1} + \omega \left(h_{i,j}^{n+1} - {}^m h_{i,j}^{n+1} \right) \tag{3.12}$$

ここに, m: 反復回数, ω: 緩和係数である. 反復計算の収束判定を次式に基づいて行っている.

$$\max_{i,j} \left| {}^{m+1}h_{i,j}^{n+1} - {}^m h_{i,j}^{n+1} \right| < \varepsilon_0 \tag{3.13}$$

なお, 流速 u, v は, このようにして算定した圧力水頭を式 (3.4) と式 (3.5) の

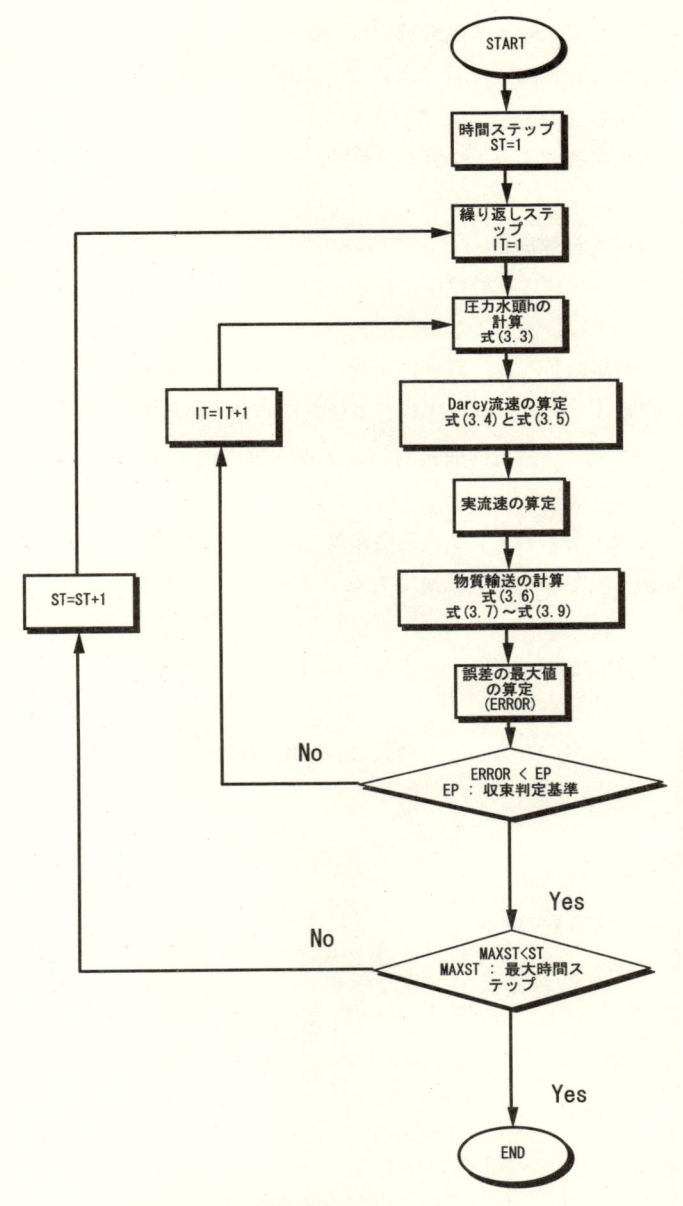

第 3 章　不均一場における物質輸送

```
                    START
                      │
                      ▼
                ┌──────────┐
                │ 時間ステップ │
                │  ST=1    │
                └──────────┘
                      │
                      ▼
                ┌──────────┐
                │繰り返しステ│◀──────┐
                │ ップ      │        │
                │  IT=1    │        │
                └──────────┘        │
                      │              │
                      ▼              │
                ┌──────────┐        │
                │圧力水頭hの│◀──┐   │
                │  計算    │    │   │
                │ 式(3.3)  │    │   │
                └──────────┘    │   │
                      │          │   │
                      ▼          │   │
                ┌──────────┐    │   │
                │Darcy流速の算定│ │   │
                │ 式(3.4)と式(3.5)│ │
                └──────────┘    │   │
                      │          │   │
                      ▼       ┌─────┐
                ┌──────────┐ │IT=IT+1│
                │ 実流速の  │ └─────┘
                │  算定    │    ▲   │
                └──────────┘    │   │
                      │          │   │
                      ▼          │   │
                ┌──────────┐    │   │
                │物質輸送の計算│  │   │
                │ 式(3.6)  │    │   │
                │式(3.7)～式(3.9)│ │
                └──────────┘    │   │
                      │          │   │
                      ▼          │   │
                ┌──────────┐    │   │
                │ 誤差の最大値│    │   │
                │ の算定    │    │   │
                │ (ERROR)  │    │   │
                └──────────┘    │   │
                      │          │   │
                      ▼          │   │
              ◇ ERROR<EP ◇──No──┘   │
                EP：収束判定基準       │
                      │              │
                     Yes             │
                      ▼              │
              ┌─────┐                │
              │ST=ST+1│               │
              └─────┘                │
                      ▲              │
                      │              │
              ◇ MAXST<ST ◇──No──────┘
                MAXST：最大時間ス
                テップ
                      │
                     Yes
                      ▼
                    END
```

図 **3.5**　数値計算のフローチャート

差分式に代入して求める．本計算では，$\varepsilon_0 = 1.0 \times 10^{-4}$ cm，および $\omega = 1.3$ としている．緩和係数については，参考文献 10) を参照されたい．

(b) 物質輸送の基礎式の計算

物質輸送の基礎式 (3.6) の数値計算は，特性曲線法により行った．

3.2.4 微視的分散係数

浸透層のガラス球各々の粒径に対する透水係数，間隙率および縦方向微視的分散長については，あらかじめ行ったカラム実験により表 3.1 のように求められている．前述のように，各ブロック内では均一・等方的なガラス球を詰めている．したがって各ブロックに対しては微視的分散係数としての取り扱いが可能である．ここで，縦方向微視的分散長 α_L については以下のようにした．一般的に，$D_L/v = a\mathrm{Re}^b$ なる関係がある[11)-13)]．ここに，$\mathrm{Re} = u'd_m/v$ は Reynolds 数，d_m はガラス球粒径，v は動粘性係数，a, b は実験定数である．また，u' はカラム実験での空隙内の実流速である．ガラス球ごとに行った実験では次式；

$$\frac{D_L}{v} = 0.7285 \mathrm{Re}^{1.149} \qquad (0.01 < \mathrm{Re} < 0.7) \qquad (3.14)$$

が得られた．一方，Huyakorn らの式は分子拡散項を除くと，1 次元のカラム実験に対して，

$$D_L = \alpha_L u' \qquad (3.15)$$

の関係を仮定するものである．したがって，両式より

表 3.1 各ガラス球粒径の透水係数，間隙率，縦方向微視的分散長

ガラス球の粒径（mm）	透水係数(cm s^{-1})	間隙率	縦方向微視的分散長（cm）
0.1	8.92×10^{-3}	0.379	3.67×10^{-3}
0.15	1.84×10^{-2}	0.376	5.50×10^{-3}
0.2	2.98×10^{-2}	0.376	7.34×10^{-3}
0.4	8.57×10^{-2}	0.373	1.47×10^{-2}
0.6	2.16×10^{-1}	0.373	2.20×10^{-2}
0.8	3.58×10^{-1}	0.373	2.93×10^{-2}

$$\alpha_L = \frac{0.7285\nu}{u'} \left[\frac{u' d_m}{\nu} \right]^{1.149} \tag{3.16}$$

が得られる．実験ごとに実流速 u' を式 (3.16) に代入すれば，縦方向微視的分散長 α_L を求めることができる．または近似的に，

$$\alpha_L = 0.3668 d_m \tag{3.17}$$

として求めることができる．Bear[14] に示されている Peclet 数と D_L/D_M の関係図を参考にして式 (3.16) と (3.17) の関係を図 3.6 に示す．いずれの実験式も大差ないことが分かる．ここでは式 (3.17) を適用した．なお，α_T については，Kinzelbach のテキストに示されている Klotz and Seiler の室内実験による α_T と α_L の関係式 (3.18) により求めた[10]．

$$\alpha_T = 0.1 \alpha_L \tag{3.18}$$

この式の妥当性については，検討の必要があるが，後に示す数値計算の結果からも概ね妥当であることを確認した．

3.2.5 トレーサーの注入と計算条件

トレーサーの注入に関しては，室内実験において計測されたトレーサー注入

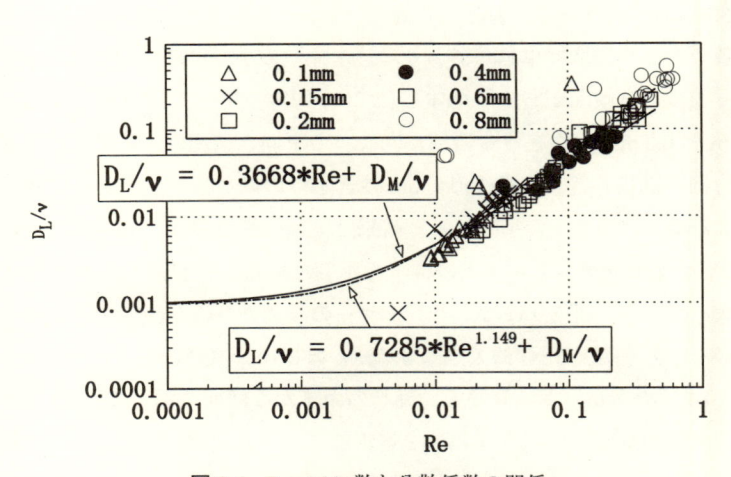

図 3.6 Reynolds 数と分散係数の関係

表 3.2　数値計算に用いた諸定数

比貯留係数	S_s	1.0×10^{-6} cm^{-1}
分子拡散係数	D_M	1.0×10^{-5} cm^2 s^{-1}
計算領域	X_0	205 cm
	Y_0	95 cm
差分格子間隔	Δx	1.25 cm
	Δy	1.25 cm

量の時系列に基づいて注入フラックス境界として与えた．表 3.2 に比貯留係数，分子拡散係数，計算領域，差分格子間隔を示している．またトレーサー注入量の平均値は 123.6 mL min^{-1}，多孔金属板の透水係数は 4.20×10^{-4} cm s^{-1} とした．この多孔金属板の透水係数については，解析領域の両側に差分格子 4 メッシュ分にわたって透水性の低い部分を設定して，トレーサーの注入に先だって予め測定された浸透層からの流出流量と，この境界条件での数値計算による流出流量が十分に一致するように求めたものである．境界条件については，圧力水頭に関して上下流側ともに静水圧分布，浸透層の上下壁面は不透水とした．濃度に関しては上下流側ともに 0%，上下壁面では濃度フラックスを 0 とした．

3.2.6　結果と考察

図 3.7 には，流速ベクトル分布と等ポテンシャル線を示している．流れは，透水係数の大きな領域で卓越しており，透水係数の小さい部分では大きい領域へ向かって流れる傾向がある．全体としては，実験装置のほぼ中央までは，粒径 0.6 mm と 0.8 mm の存在する領域に向かって下向きに流れ，この領域を過ぎると下流側上部に存在する粒径 0.8 mm の透水性の高い領域に向かって流れる．

図 3.8 にトレーサーの挙動の計算結果と実験結果を示す．15 分後，75 分後，135 分後，210 分後，270 分後の様子を示している．計算結果と実験結果は概ね一致している．図 3.9 には，トレーサーの挙動の特性を説明するため，実験浸透層を透水係数が比較的大きな領域（$k \geq 2.16 \times 10^{-1}$ cm s^{-1}）と小さな領域（$k \leq 1.84 \times 10^{-2}$ cm s^{-1}）に分けて，流れの大まかな傾向を示している．流れは，上流側上部の透水性の大きな領域を選択的に流れる経路（経路 1）と，上流側下部の透水性の大きな領域を選択的に流れる経路（経路 2）の 2 つの経路に分かれ

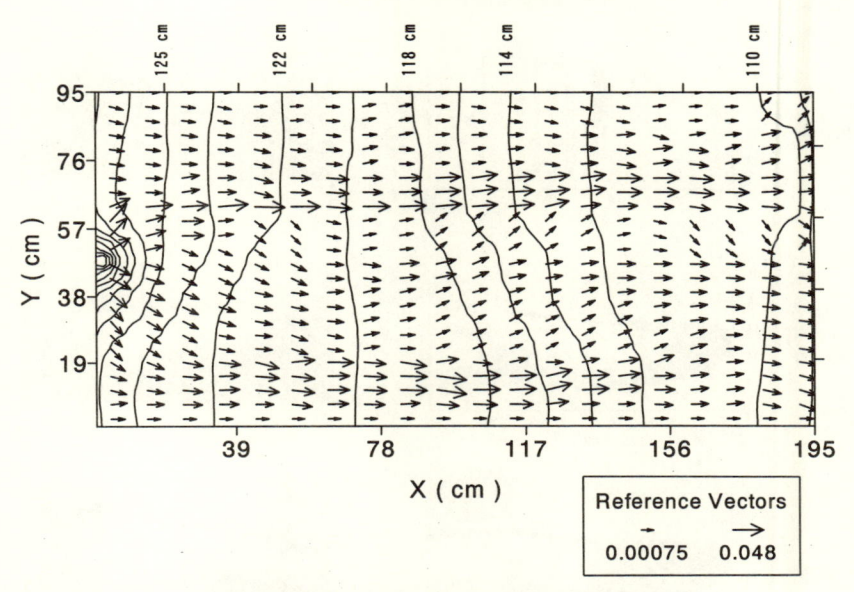

図 3.7 流速ベクトル分布と等ポテンシャル線

る．これらの経路のプリュームの拡がり幅は，それぞれ透水係数の大きな層に規定されている．経路 1 は，下流の大透水層に向かって次第にプリュームの幅を拡げながら流れる．一方経路 2 は，中流下部の粒径 0.1 mm の透水係数の小さな領域を迂回して 2 方向に分かれ，その上部は経路 1 に接近しつつ下流部へ至る．図 3.10 に，この迂回路近傍の等濃度線の経時変化を示す．既に 7,470 秒後(124.5 分後)には，透水係数の小さい領域の影響を受けて下側に迂回し，卓越する移流により下流側へ輸送されるトレーサーが見られる．一方，この部分の上側では，トレーサーが 7,878 秒後(131.3 分後)頃より斜め上方に向かい迂回を始めている．その後は上側のプリューム先端は下側のプリューム先端との差を縮めて流下している．9,000 秒後(150 分後)頃からはこの透水係数の小さい領域にも下側からの微視的な分散効果も相まって濃度の増加が見られる．これ以降は両方のプリュームは一体となり流下する．以上のように大きな透水係数の領域と小さな透水係数の領域が隣接する場合に大きな動水勾配が働くと，相対的に速度差が大きくなり，大きな分散効果(巨視的分散)を生じさせること，また小さな透水係数の領域内部ではこの領域固有の移流と微視的分散により濃

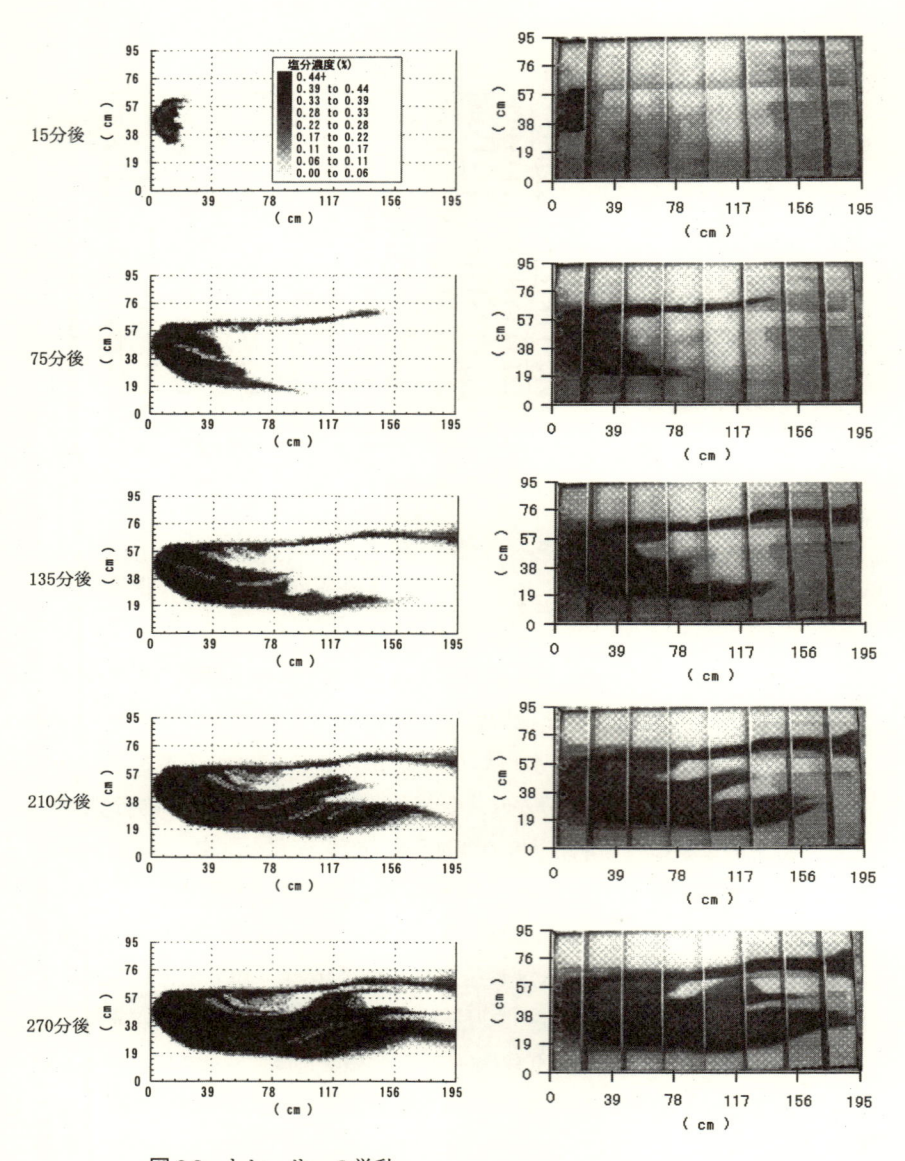

図 3.8　トレーサーの挙動
　　　　左：計算結果，右：実験結果（核燃料サイクル開発機構による）

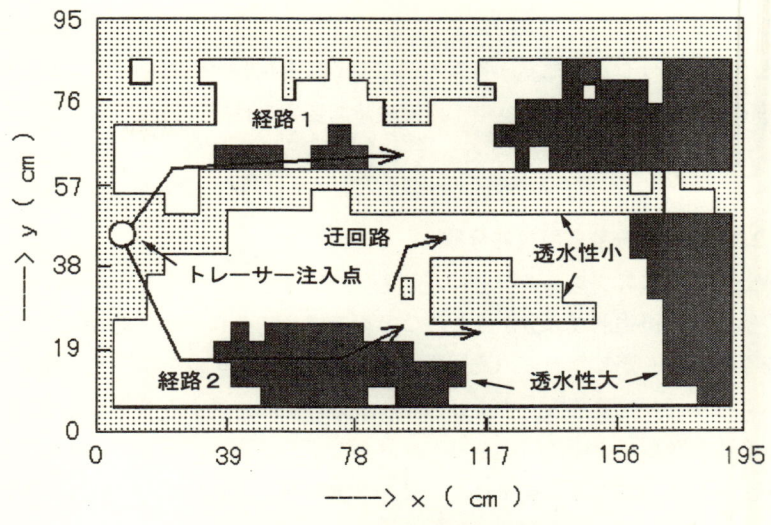

第3章 不均一場における物質輸送

図 3.9 トレーサーの挙動の説明図

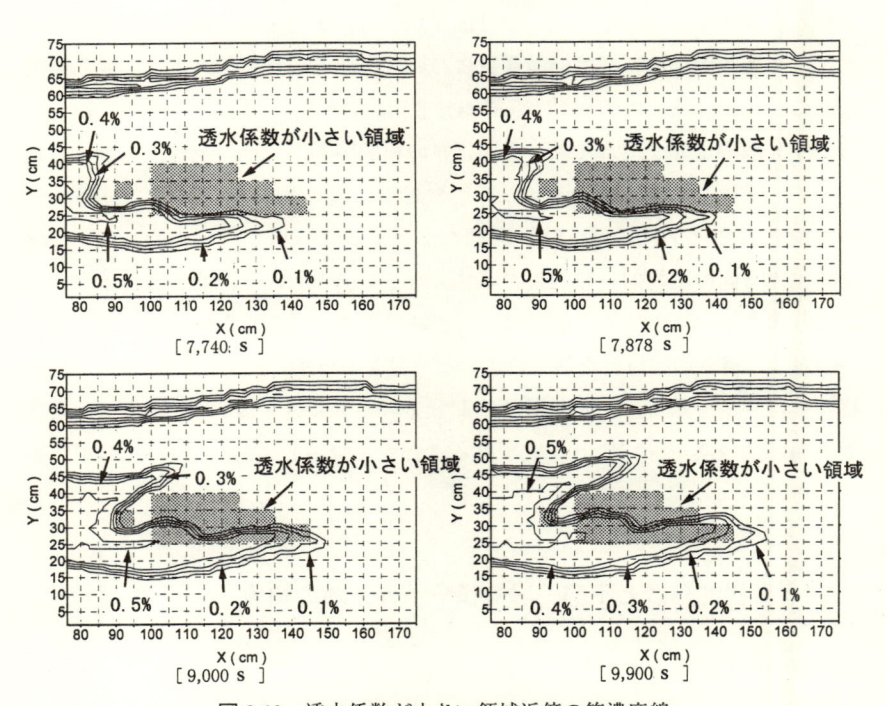

図 3.10 透水係数が小さい領域近傍の等濃度線

度の増加が見られると考えられる．

　透水係数の分布が既知で，各々の領域ごとに微視的分散長を与えることができれば，プリュームの拡がりや，濃度の時間変化を良好に再現できることが分かった．

3.2.7　微視的分散と巨視的分散

　前述のように各ブロックごとにガラス球の粒径が異なっており，そのためブロックごとに微視的な分散が生じることを考慮してそれぞれ一定の微視的分散長を与えた．しかしながら，浸透層全体に対して分散現象をみると，例えば低透水領域を迂回する現象，すなわち流れがその領域に達する際に上側や下側へ回り込む現象は透水係数の小さい領域があたかもひとつの塊として巨視的な分散を引き起こしていると見なせる．また，実験からはプリュームが透水係数の大きな領域に向かって輸送されることが観測され，局所的に透水係数の大きな領域が存在するときにも巨視的な分散が生じる．また透水係数が深度方向に分布する多層地盤中の巨視的分散係数について藤間[15]の理論的および実験的研究がある．Appelo and Postma[1] は巨視的分散現象を統計的過程で説明し，輸送に及ぼす分散の影響や透水係数の空間分布の相関距離が流れに及ぼす影響などについての文献を紹介している．ここで検討した透水係数場では，x方向の積分特性距離 L_x が y 方向の積分特性距離 L_y より大きい成層に近い構造となっており，主流方向の巨視的分散効果が流れに対して横方向の巨視的分散効果よりもかなり大きい．このような場合は，各層間で鉛直方向の質量輸送よりも，移流が卓越する層との相対的な移動距離の差が大きくなり，巨視的分散が増大する．従って巨視的分散は，透水係数の空間分布の積分特性距離 L_x および L_y の大きさと局所的な実流速により規定されることが示唆され，L_x と L_y の把握が重要である．

3.3　巨視的分散と不均一場の積分特性距離の関係

3.3.1　検討の方法

　図3.11に本節での検討方法を示す．まず，物性が既知である6種類のガラス

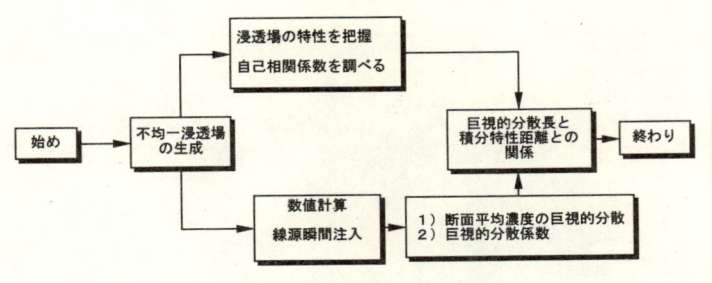

第3章 不均一場における物質輸送

図 3.11 本節における検討のフローチャート

球を任意に配置し,不均一場を生成する.生成された各不均一場の統計的な特性を調べるため,自己相関係数を求め縦方向(主流方向)の積分特性距離を評価した.

トレーサーは線源として注入した.計算は流れ方向を x 軸,鉛直上方を y 軸とし,y 軸方向の断面平均濃度分布より縦方向の分散係数を求め,この分散係数と透水係数の積分特性距離との関係について検討する.

3.3.2 不均一場の発生と巨視的分散の評価

3.3.2.1 不均一場

本節で対象とした不均一場を図 3.12 に示す.また不均一場は 6 種類の粒径のガラス球により構成されており,これらの粒径 d_m (mm) に対する透水係数 k (cm s^{-1}),間隙率,縦方向微視的分散長 α_L (cm) は表 3.1 に示された値を用いる.なお,横方向微視的分散長 α_T (cm) は α_L の 1/10 の値を用いた[13].場の発生に関しては,透水係数の対数変換値の分布が式 (3.19) に示す自己回帰式に従うと仮定して,雑音項 $\varepsilon(x,y)$ と境界条件には平均 0,分散 1.5 の正規乱数を与えた.その後,式 (3.19) を解いて得られた Y の値を 6 つのクラスに分け,それぞれの物性が表 3.1 の 6 つの粒径 d_m のクラスに対応するように,0.2 mm 粒径を中心にして 5 cm × 5 cm のブロックごとに透水係数,間隙率,微視的分散長を配置した.

$$a_{xx}\frac{\partial^2 Y}{\partial x^2} + a_{yy}\frac{\partial^2 Y}{\partial y^2} - a_0 Y + \varepsilon(x,y) = 0 \tag{3.19}$$

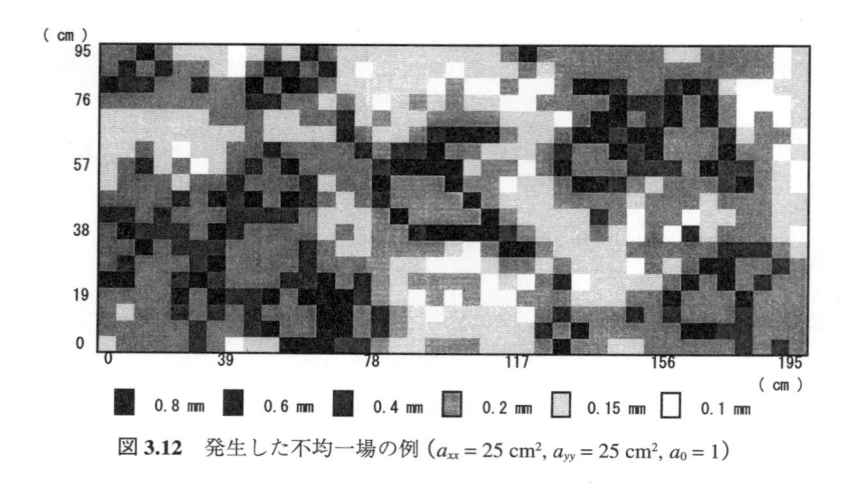

図 3.12　発生した不均一場の例 ($a_{xx} = 25$ cm^2, $a_{yy} = 25$ cm^2, $a_0 = 1$)

ここに，Y: 粒径分布のクラスを割り当てるための変数，a_{xx}, a_{yy}: 自己回帰係数で，a_{xx} と a_{yy} の値を種々変えることによって非等方性の Y の場を任意に発生することができる．式 (3.19) の離散化には x および y 方向に 5 cm のメッシュを用いた．式 (3.19) の差分式は次のようになる．

$$Y_{i,j} = A_X(Y_{i+1,j} + Y_{i-1,j}) + A_Y(Y_{i,j+1} + Y_{i,j-1}) + A_\varepsilon \varepsilon \tag{3.20}$$

ここで，右辺第 1 項，右辺第 2 項および右辺第 3 項の係数は以下のようになる．

$$A_X = \left(\frac{2a_{xx}}{\Delta x^2} + \frac{2a_{yy}}{\Delta y^2} + a_0 \right)^{-1} \left(\frac{a_{xx}}{\Delta x^2} \right) \tag{3.21}$$

$$A_X = \left(\frac{2a_{xx}}{\Delta x^2} + \frac{2a_{yy}}{\Delta y^2} + a_0 \right)^{-1} \left(\frac{a_{yy}}{\Delta y^2} \right) \tag{3.22}$$

$$A_\varepsilon = \left(\frac{2a_{xx}}{\Delta x^2} + \frac{2a_{yy}}{\Delta y^2} + a_0 \right)^{-1} \tag{3.23}$$

3.3.2.2　場の特性

次に，それぞれの場に対する特性を把握するため，前節と同様に自己相関係数を求めた．さらに，この自己相関係数の x および y 方向の積分特性距離 L_x

および L_y は，式 (3.2) から x および y 方向ともにほぼ 5 cm となった．

3.3.2.3 数値計算

数値計算に関しては，圧力水頭に関する式 (3.3) と 2 次元移流分散方程式 (3.6) を連立して解いた．

3.3.2.4 境界条件および数値計算結果

境界条件については，上下流側ともに静水圧分布境界とし，上面と下面は不透水性境界とした．上流と下流の水頭差は 50.5 cm とした．領域は x 方向に 195 cm, y 方向に 95 cm とし，式 (3.3) と式 (3.6) に対する差分格子間隔は $\Delta x = \Delta y = 1.25$ cm とした．トレーサーの注入は流入側より 26.25 cm の位置から線源として瞬間注入を行った．数値計算は 3,000 秒後まで行った．

トレーサーの 2 次元的な挙動とその断面平均濃度の変化を図 3.13 に示している．各ブロックごとに一定の微視的分散長を与えているので，局所的には微視的分散が生じているが，全体的には巨視的分散が生じている．すなわち，注入後 1,000 秒後には輸送の速い所と遅い所が顕著であり，そのため x 方向の拡がりが大きくなっている．トレーサーは浸透層の中央より下流の上部に多く分布する平均粒径 0.8 mm および 0.6 mm の領域を主として流下している．このように場が不均一であるときには，深度方向のトレーサーの分布を詳細に調査する必要がある．例えば，3,000 秒後で上流側から 120 cm の位置では浅いところで，未だトレーサーが到達していない．均一な場に対する理論では正規分布形状で流下することが知られているが，断面平均濃度分布は，複数のピークを持ち微視的分散の効果がまだ残っている．

3.3.2.5 分散，巨視的分散の評価

図 3.13 の右側に示したような数値計算で得られた断面平均濃度から，x 方向の分散を式 (3.24)[17] により求める．

$$\sigma_L^2(t) = \frac{\sum C(x,t)(x-\bar{x})^2 \Delta x}{\sum C(x,t)\Delta x} \tag{3.24}$$

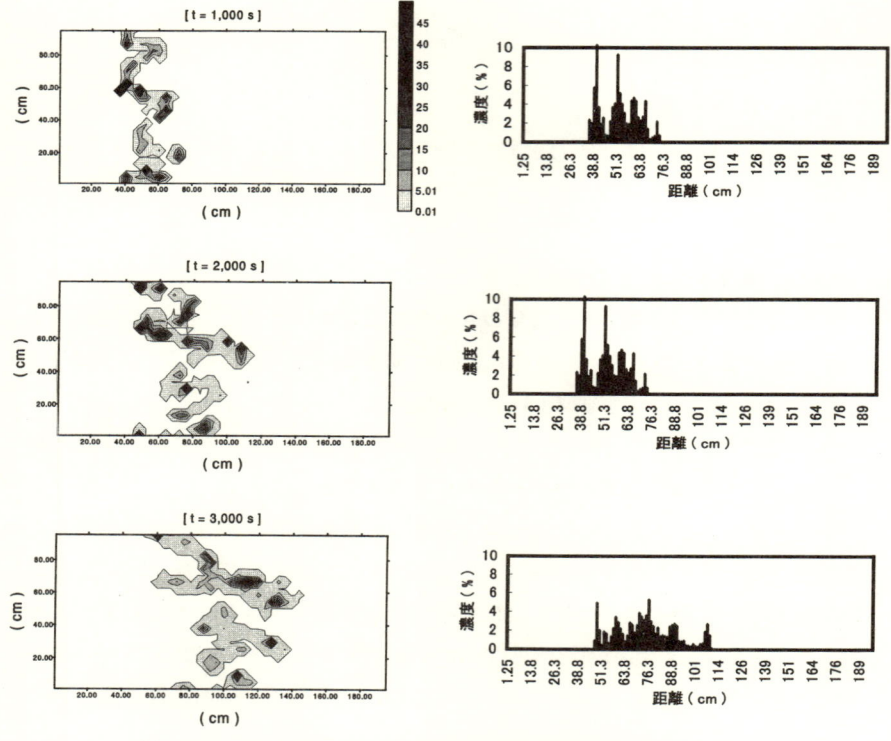

図 3.13　トレーサーの挙動とその断面平均濃度分布の経時変化

また，分散から巨視的分散係数は式 (3.25)[17] を用いて算定する．

$$D_L(t) = \frac{\Delta \sigma_L^2(t)}{2\Delta t} \tag{3.25}$$

図 3.14 には，このようにして求めた分散と巨視的分散係数の変化を示す．数値計算では x 方向平均流速は $u_{mean} = 0.0257$ cm s^{-1} であった．

　本研究で対象とした不均一場では，一定の分散幅を保ったまま流下し，再び分散幅を拡げながら流下する場合や，分散幅が一旦縮まり再び拡がるなどの輸送が見られる．しかしながら十分流下すれば，一定値に漸近すると考えられる．ところで，図 3.14 に示されるように同じ積分特性距離を持つ場でも，個々の場に関しては巨視的分散係数が一定値に漸近するとはいいがたい．そこで，同じ

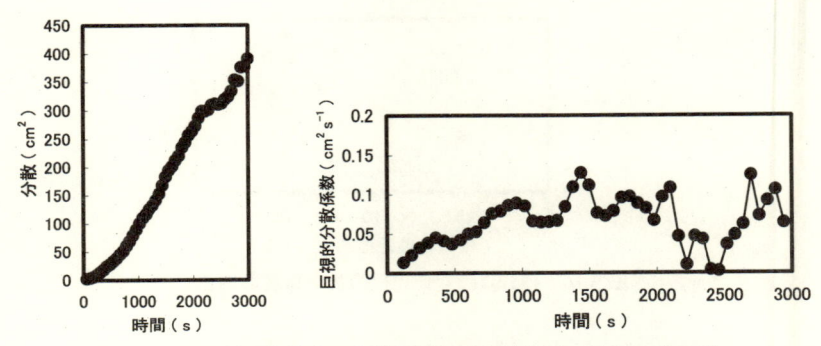

第3章　不均一場における物質輸送　　　　　　　　　　　　　　69

図 3.14　断面平均濃度の分散と巨視的分散係数の時間変化の例

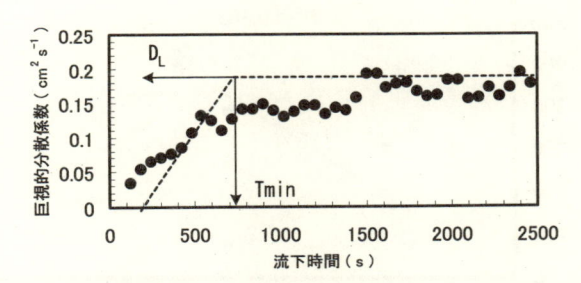

図 3.15　巨視的分散係数のアンサンブル平均の例（$L_x = 5$ cm, 10 例）

　積分特性距離 L_x を持つ別々の場に対して巨視的分散係数変化のアンサンブル平均をとる．例えば $L_x = 5$ cm の場合に対して，10 種類の場のアンサンブル平均を示したのが図 3.15 である．図中に巨視的分散係数の時間的変化を近似した折れ線を示しているが，図より分散係数がおよそ流下開始 600 秒後で一定値になったと考え，$T_{\min} = 600$ s, $D_L = 0.12$ cm^2 s^{-1} とする．また巨視的分散長 A_L (cm) は次式の関係を用いて求めた．

$$A_L = \frac{D_L}{\bar{u}_{\mathrm{mean}}} \tag{3.26}$$

ここで $\bar{u}_{\mathrm{mean}}$ は，同じ L_x を持つ場それぞれの平均流速 u_{mean} の平均である．

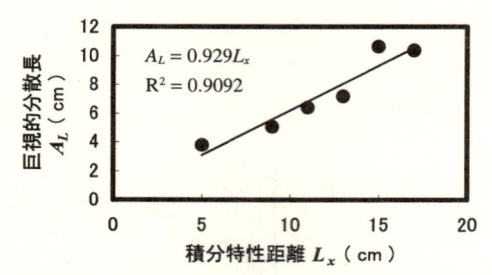

図 3.16 積分特性距離と巨視的分散長の関係

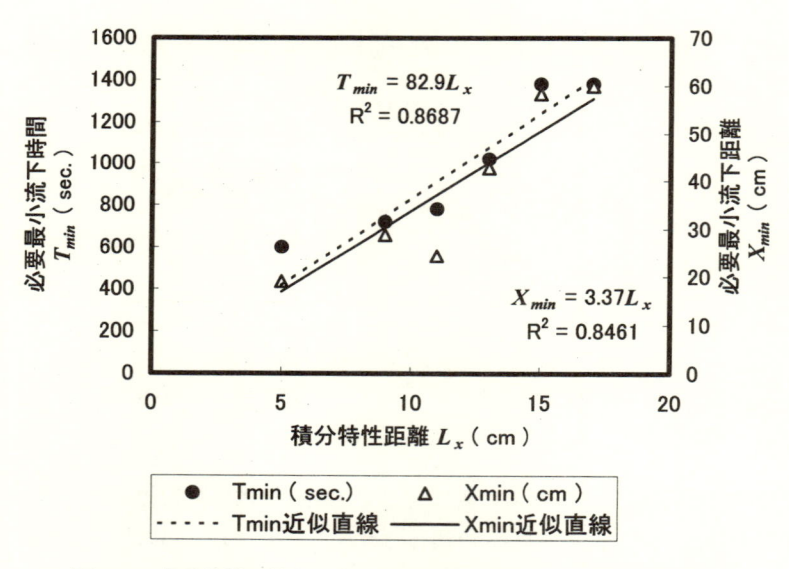

図 3.17 積分特性距離と到達流下時間および到達流下距離の関係

3.3.2.6 考 察

図 3.16 に x 方向の積分特性距離 L_x と巨視的分散長 A_L の関係をプロットしている．直線近似をすれば次の関係を得る．

$$A_L = 0.929 L_x \tag{3.27}$$

近似式による値と実際の値の相関係数の 2 乗値は約 0.91 であり相関は高い．これより巨視的分散は場の積分特性距離により支配されることが明らかになり，巨視的分散長は，ほぼ積分特性距離に等しい．図 3.17 には L_x と T_{min} および

$X_{\min} = T_{\min} \bar{u}_{\mathrm{mean}}$ との関係を示している．$T_{\min}$ や $X_{\min}$ は，この値までは微視的な分散の取り扱いが重要であるが，この値を超えると巨視的分散としての取り扱いが可能であるという意味である．したがって図によればこれらの値が積分特性距離に比例しているので，積分特性距離が大きくなれば微視的な輸送としての取り扱いが必要になる．ところで，L_x と $X_{\min}$ の関係は，次式のようである．

$$X_{\min} = 3.37 L_x \tag{3.28}$$

これはほぼ流速一定の条件下で，トレーサーが L_x のおよそ 3.4 倍以上流下すれば D_L および A_L がほぼ一定値になり，巨視的分散係数あるいは巨視的分散長としての取り扱いができることを意味している[18]．

参考文献

1) Appelo, C. A. J. and D. Postma: *Geochemistry, groundwater and pollution.*, A. A. Balkema, Rotterdam, pp. 349–395, 1994.
2) 藤縄克之：第7章地下水汚染，第1節地下水における汚染物質の挙動，岩田進午・喜田大三監修，『土の環境圏』，pp. 1221–1230, 1998.
3) 神野健二・中川 啓・細川土佐男・畑中耕一郎・井尻裕二・亘 真吾・E. K. Webb・金澤康夫・内田雅大：不均質多孔媒体中の水理・物質移動に関する研究—先行基礎工学分野に関する平成8年度報告書—，動力炉・核燃料開発事業団公開資料 PNC TY1606 97-001, 1997.
4) 神野健二・平野文昭・上田年比古：室見川流域の水文地質パラメータの空間分布について，九州大学工学集報，**56**(4), pp. 421–428, 1983.
5) 日野幹雄：『スペクトル解析』，朝倉書店，1977.
6) 籾井和朗・細川土佐男・神野健二・伊藤敏朗：海岸帯水層における鉛直塩分濃度分布に基づく横方向分散定数の推定方法，土木学会論文集，**411**, II-12, pp. 45–53, 1989.
7) Huyakorn, P. S. and G. F. Pinder: *Computational method in subsurface flow*, Academic Press, NewYork, 1983.
8) 神野健二・上田年比古：粒子の移動による移流分散方程式の数値解法の検討，土木学会論文集，**271**, pp. 45–53, 1978.
9) 籾井和朗：地下水数値計算法（11）2-2 差分法と特性曲線法による物質輸送解析の応用，地下水学会誌，**33**(3), pp. 177–184, 1991.
10) Kinzelbach, W. 著［上田年比古監訳］(1990)：『パソコンによる地下水解析』，森北出版，1990.
11) Rumer, R. R, Jr.: Longitudinal Dispersion in Steady and Unsteady Flow, *Journal of the Hydraulics Division*, ASCE, HY4, pp. 147–172, 1962.
12) Harleman, D. R. F., P. F. Mehlhon and R. R. Rumer: Dispersion Permeability Correla-

tion in Porous Media, *Journal of the Hydraulics Division*, ASCE, HY2, pp. 67–85, 1963.
13) 神野健二：浸透層内の縦方向分散係数および細管モデルについて，日本地下水学会誌，**22**(2), pp. 55–71, 1979.
14) Bear, J.: *Hydraulics of Groundwater*, McGraw Hill Series in Water Resources and Environmental Engineering, McGraw-Hill, NewYork, 1979.
15) 藤間　聡：地下水パラメーターの推定に関する基礎的研究，九州大学学位論文，1989.
16) Smith, L. and R. A. Freeze: Stochastic analysis of steady state groundwater flow in a bounded domain, 2. Two-dimensional Simulations, *Water Resources Research*, **15**(6), pp. 1543–1559, 1979.
17) 籾井和朗・神野健二・上田年比古：移流分散における粘性低層の効果に関する数値計算による検討，第 27 回水理講演会論文集，pp. 609–614, 1983.
18) 中川　啓：不均一浸透場における非反応性トレーサーの巨視的分散過程に関する基礎的研究，九州大学学位論文，1999.

第4章　沿岸帯水層における塩水侵入解析

4.1 塩水侵入の現象

　沿岸地域の帯水層には，写真4.1のように密度の違いにより陸側から海側に流出する淡水の下に海側から塩水が楔状に侵入している．しかし，写真4.2のように地下水の揚水や地下構造物により海への淡水の流れが遮断される場合，また大規模空洞掘削により地下水面が低下する場合，あるいは地球温暖化が顕在化し海面が上昇する場合には，淡水と塩水のバランスが崩れて，塩水が内陸部に侵入する．このような塩水化現象の予測や水資源強化策の1つとして海岸

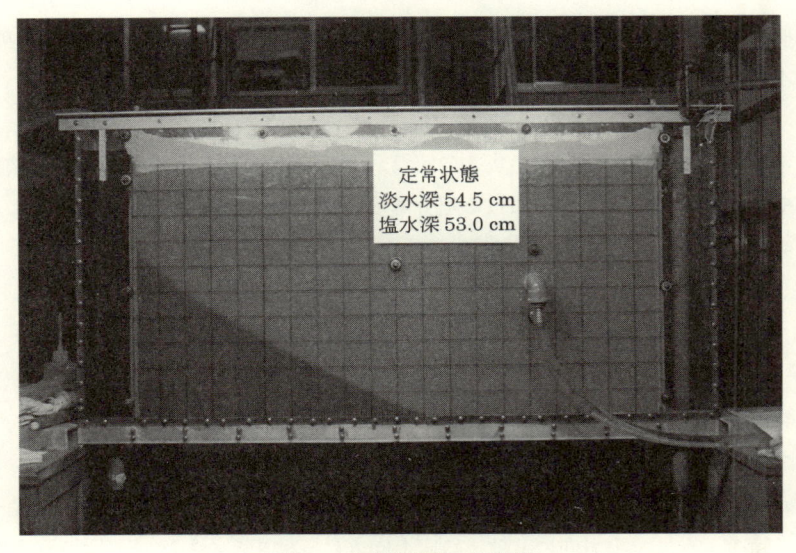

写真4.1 定常状態の塩水楔

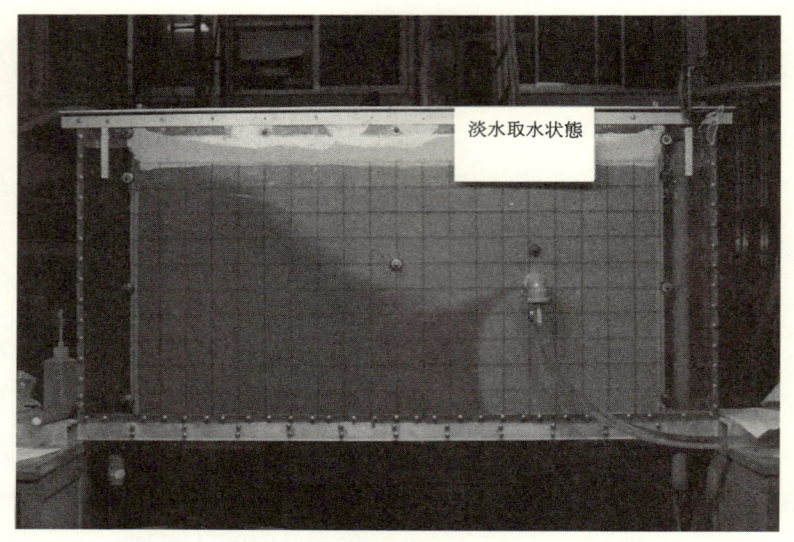

写真 4.2 淡水取水による塩水侵入

地域に地下ダムを建設する場合には，塩水侵入の現象を数値解析により精度よく再現することが要求される．淡水と塩水の混合分散を考慮した地下密度流の数値解析を行う場合，塩分の輸送は移流分散方程式によって記述されているが，淡水と塩水の境界面では移流効果が精確に計算されなければ，混合幅が正しく求められない．

本章では，被圧帯水層への塩水の定常および非定常侵入に関する室内実験結果や，実際の不圧帯水層における塩分濃度の観測結果に対して特性曲線法による数値解析モデルの検証を行っている．

4.2 基礎方程式

4.2.1 地下水流れの式

図 4.1 には，沿岸地域における不圧帯水層の鉛直断面の概略をそれぞれ示している．このような2次元不飽和-飽和領域における圧力水頭に関する基礎式は，図のように水平方向に x 軸，鉛直上向きに y 軸をとると次式で示される[1]．

第4章 沿岸帯水層における塩水侵入解析

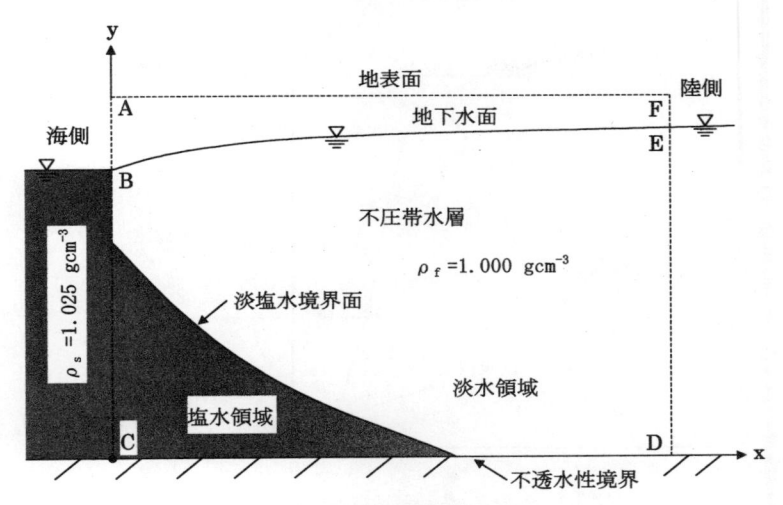

図 4.1 不圧帯水層の鉛直断面

$$(c_w + \alpha_0 S_s)\frac{\partial h}{\partial t} = -\frac{\partial u}{\partial x} - \frac{\partial v}{\partial y} \tag{4.1}$$

$$u = -k\frac{\partial h}{\partial x} \tag{4.2}$$

$$v = -k\left(\frac{\partial h}{\partial y} + \frac{\rho}{\rho_f}\right) \tag{4.3}$$

ここに，h は圧力水頭，k は不飽和/飽和透水係数，u, v は x, y 方向の Darcy 流速，ρ は流体密度，ρ_f は淡水密度である．式 (4.3) の右辺の ρ/ρ_f は，不飽和–飽和領域における塩水の密度効果を表している．比水分容量 c_w は，体積含水率を θ とすると $c_w = d\theta/dh$ の関係があり，飽和領域では $c_w = 0$ となる．式 (4.1) の左辺の S_s は比貯留係数で，単位の圧力水頭が上昇したときに単位体積の土中に貯留される水量である．不圧帯水層では $10^{-1} \sim 10^{-2}$ cm^{-1}，被圧帯水層では $10^{-6} \sim 10^{-7}$ cm^{-1} 程度であると言われている[2),3)]．なお係数 α_0 は，不飽和領域では圧力水頭の変化による間隙率の変化が生じないものと仮定して

$$\alpha_0 = \begin{cases} 0: 不飽和領域 \\ 1: 飽和領域 \end{cases} \tag{4.4}$$

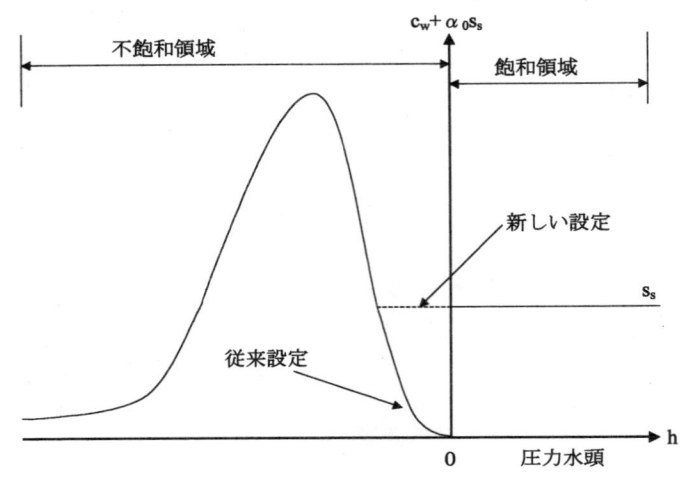

図 4.2 不飽和−飽和領域境界における貯留項

のように使い分けられている．山本らは式 (4.1) の左辺の係数が $h = 0$ の近傍では不連続に変化するために，刻み時間 Δt を小さくしなければ解が不安定になることを指摘している．そこで図 4.2 のように $h < 0$ 領域まで S_s を延長することにより，急激な h の変化時に Δt を小さくすることなく計算を行うことができることを示している[4]．

4.2.2　2次元移流分散方程式

塩分濃度 C に関する基礎式は，次式に示す2次元移流分散方程式である．

$$\frac{dC}{dt} = \frac{\partial C}{\partial t} + u'\frac{\partial C}{\partial x} + v'\frac{\partial C}{\partial y} - \frac{1}{\theta}\frac{\partial}{\partial x}\left(\theta D_{xx}\frac{\partial C}{\partial x} + \theta D_{xy}\frac{\partial C}{\partial y}\right)$$
$$+ \frac{1}{\theta}\frac{\partial}{\partial y}\left(\theta D_{yx}\frac{\partial C}{\partial x} + \theta D_{yy}\frac{\partial C}{\partial y}\right) \tag{4.5}$$

ここに，C は土中水の塩分濃度を表す．また，u', v' は x 方向および y 方向の実流速であり式 (4.2)，(4.3) の Darcy 流速との間には $u' = u/\theta$, $v' = v/\theta$ の関係がある[5]．なお，式 (4.5) の塩分濃度 C と式 (4.3) の流体密度 ρ との間には次の関係がある．

$$C = \frac{100(\rho - \rho_f)}{(\rho_s - \rho_f)} \tag{4.6}$$

ここに，ρ_s は塩水密度である．

4.3 被圧帯水層における塩分濃度の室内実験

4.3.1 実験装置

　計算モデルの妥当性を確認するため，被圧帯水層を模擬した室内実験を行った．実験に用いた装置の概略を図 4.3 に示している．実験水槽は長さ 120 cm，幅 8 cm，高さ 60 cm の塩化ビニール樹脂製の水槽である．水槽の両端部に，水位調節と排水を兼ねた昇降式の塩ビ管をとりつけたヘッドタンクを設け，左側のタンクには塩水を，右側のタンクには淡水を貯水できるようになっている．被圧帯水層は以下のような手順で作った．水槽内に適量の水道水を入れておき，ヘッドタンクと浸透層の境界に設置したスリットで囲まれた部分に相馬砂あるいはガラス球を落し入れながらよくかきまぜ，軽くつき固め浸透層内に気泡が残らずしかも均一な透水性の地盤になるようにした．高さ 50 cm まで充填した後，アルミ製の不透水蓋を浸透層の上部に載せた．また水槽背面には，図中の

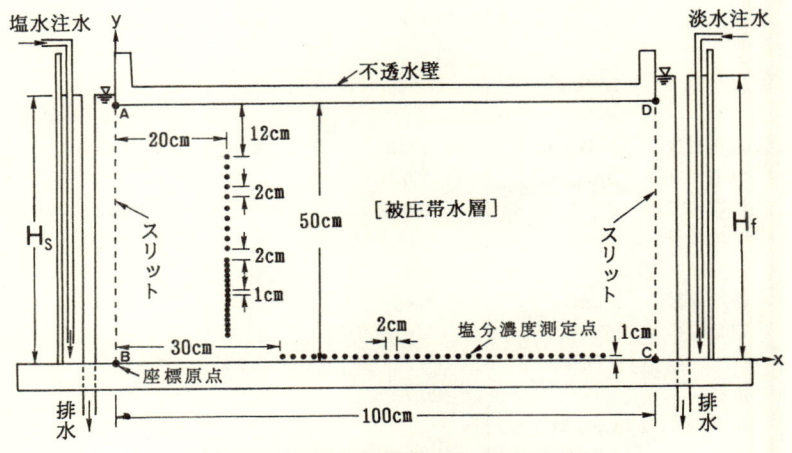

図 4.3 鉛直断面被圧帯水層の実験装置[6]

●印の位置に塩分濃度測定用のセンサーを取り付けるため直径6 mmのネジ孔をあけている．

4.3.2 実験条件と実験方法

実験では，図 4.3 の左側の塩水水深を H_s = 53.0 cm，右側の淡水水深を H_f = 54.9 cm に設定し，境界 AB より淡塩水境界面の目視観測が可能なように食用色素赤色2号で赤紫色に着色した塩水(塩水密度 ρ_s = 1.025 g cm^{-3})を被圧帯水層に侵入させ，赤紫色の塩水領域が変化しなくなった状態を定常状態(侵入開始後およそ40分)とした．次に，定常状態から淡水水深を H_f = 53.0 cm まで一気に低下させ，塩水の非定常侵入過程の実験を行った．実験は，定常状態に対しては，相馬砂を用いた場合(実験1)およびガラス球を用いた場合(実験2)の2ケース，非定常塩水侵入過程に対しては，ガラス球のみを用いた場合(実験3)の合計3ケースについて行った．表 4.1 には，それぞれの実験の実験条件を示

表 4.1 実験条件[6)]

実験定数		定常実験		非定常実験
		実験 1 [相馬砂]	実験 2 [ガラス球]	実験 3 [ガラス球]
帯水層厚	D_a (cm)	50.0	50.0	50.0
帯水層長	L (cm)	100.0	100.0	100.0
淡水深	H_f (cm)	54.9	54.9	53.0
塩水深	H_s (cm)	53.0	53.0	54.9 (t ≤ 0) ↓ 53.0 (t > 0)
淡水密度	ρ_f (g cm^{-3})	1.000	1.000	1.000
塩水密度	ρ_S (g cm^{-3})	1.025	1.025	1.025
相対密度差	ε	0.025	0.025	0.025
平均粒径	d_m (cm)	0.054	0.235	0.235
間隙率	n	0.36	0.35	0.35
透水係数	k (cm s^{-1})	0.46	3.50	3.50
定常時の淡水流入量 	q (cm^2 s^{-1})	0.275	2.200	—
水温	(°C)	25	27	27
定常時の Reynolds 数 	$R_e = (q/nD_a)d_m/\nu$	0.093	3.400	—

している．表中の透水係数および間隙率は，次に述べる方法で測定した結果である．また表中の Reynolds 数 R_e は，動粘性係数 ν，間隙率 n，相馬砂およびガラスの平均粒径 d_m，代表流速には，図 4.3 の陸側境界 CD から流入する淡水の単位幅流量 q を帯水層厚 D_a および間隙率 n で割った q' 値を与えて，$R_e = q'd_m/\nu$ により算定した．

塩分濃度の測定は，次のようにして行った．定常状態の鉛直方向の塩分濃度は，図 4.3 に示す境界 AB から $x = 4$ cm, 20 cm および 34 cm の位置に設けた直径 1 cm の観測孔を使って，直径 0.4 cm の市販のセンサーを徐々に降下させて測定した．一方，非定常侵入過程では，図 4.3 の●印の位置に取り付けた試作センサーによって測定している．センサーから検出される塩分濃度は，パソコンを用いた計測システムにより自動測定した．なお，淡塩水境界面の観測は，写真撮影により一定時間ごとに行った．

4.4 解　　析

4.4.1 解析領域と境界および計算条件

図 4.4 には，数値計算で対象とする被圧帯水層の鉛直断面の解析領域を示している．境界条件は，以下の (I), (II) である．

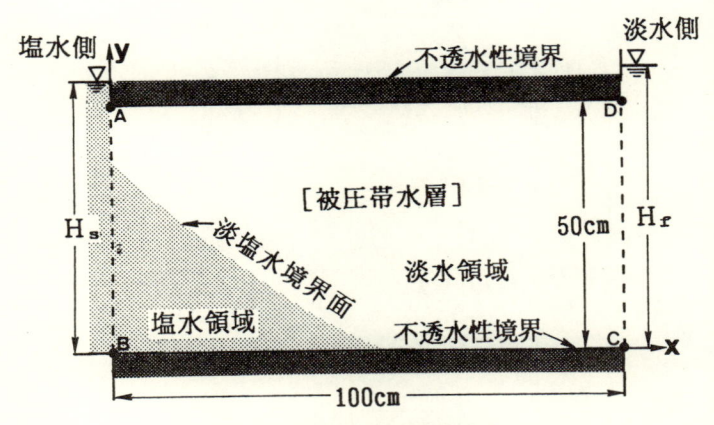

図 4.4　被圧帯水層の解析領域

(I) 圧力水頭および濃度が既知の境界

$$h(x, y, t) = h_b \tag{4.7}$$

$$C(x, y, t) = C_b \tag{4.8}$$

ここに, h_b, C_b は境界上での圧力水頭, 濃度の値である.

(II) 流体フラックスおよび濃度フラックスが既知の境界

$$[u, v]\vec{n} = q_b \tag{4.9}$$

$$[J_x, J_y]\vec{n} = J_b \tag{4.10}$$

ここに,

$$J_x = u'\theta C - \theta D_{xx}\frac{\partial C}{\partial x} - \theta D_{xy}\frac{\partial C}{\partial y} \tag{4.11}$$

$$J_x = v'\theta C - \theta D_{yy}\frac{\partial C}{\partial y} - \theta D_{yx}\frac{\partial C}{\partial x} \tag{4.12}$$

であり, $\vec{n}$ は外向き法線ベクトル, q_b および J_b は境界上での法線方向の流量フラックスと濃度フラックスである. 表 4.2 には, 図 4.4 に示す解析領域 ABCD

表 4.2 境界条件

境界	圧力水頭	塩分濃度
AB	静水圧境界 $h_b = (H_s - y)\dfrac{\rho_s}{\rho_f}$	$u' \geq 0$ の部分 塩水境界 $C_b = 100\%$ $u' < 0$ の部分 $\dfrac{\partial C}{\partial x} = 0$
BC	不透水性境界 $-k\left(\dfrac{\partial h}{\partial y} + \dfrac{\rho}{\rho_f}\right) = 0$	不透水性境界 $\dfrac{\partial C}{\partial y} = 0$
CD	静水圧境界 $h_b = H_f - y$	淡水境界 $C_b = 0\%$
AD	不透水性境界 $-k\left(\dfrac{\partial h}{\partial y} + \dfrac{\rho}{\rho_f}\right) = 0$	不透水性境界 $\dfrac{\partial C}{\partial y} = 0$

の各境界における圧力水頭と濃度に関する境界条件を具体的に示している．

なお，ここで境界 AB 上での淡水流出部 ($u' < 0$ の部分) の塩分濃度の境界条件については，以下のように検討した．

1) 塩水の濃度 100% を与える場合

　この境界条件は，従来よく適用されたが数値計算結果では図 4.5(a) に示すように淡水流出部でかなりの濃度上昇がみられ，着色水による濃度の観察と異なる．

2) 塩水と混合してない淡水流出があるとして 0% の濃度を与える場合

　A 点の近傍では着色水による濃度観察と矛盾しないが，図 4.5(b) に示すように淡塩水混合域が海側に向かって狭くなり観測結果と一致しない．

3) x 方向のみ濃度勾配を 0 とする場合

　この場合は，式 (4.11)，(4.12) において x 方向には，

$$J_x = u'\theta C - \theta D_{xy} \partial C / \partial y$$

y 方向には，

$$J_y = v'\theta C - \theta D_{yy} \partial C / \partial y$$

のフラックスを考えることになる．濃度変化は図 4.5(c) に示すようになり，しかも後出の計算結果に示すように淡塩水境界面に平行に変化しており，1) および 2) の場合よりも現象に近い．以上のことより，後の計算ではこの境界条件を採用している．

表 4.3 および 4.4 には，数値計算に用いた諸条件を示している．塩分濃度の計算には，これらの諸条件の他に，式 (3.7)，(3.8)，(3.9) の分散係数の算定に用いる縦方向と横方向の分散長 α_L，および α_T を与える必要がある．ここでは，Harleman and Rumer の分散係数に関する実験公式[7]を基に α_L および α_T を算定した．

$$\frac{D_L}{v} = 0.66 \left(\frac{q' d_m}{v} \right)^{1.2} = \frac{\alpha_L q'}{v} \tag{4.13}$$

$$\frac{D_T}{v} = 0.036 \left(\frac{q' d_m}{v} \right)^{0.72} = \frac{\alpha_T q'}{v} \tag{4.14}$$

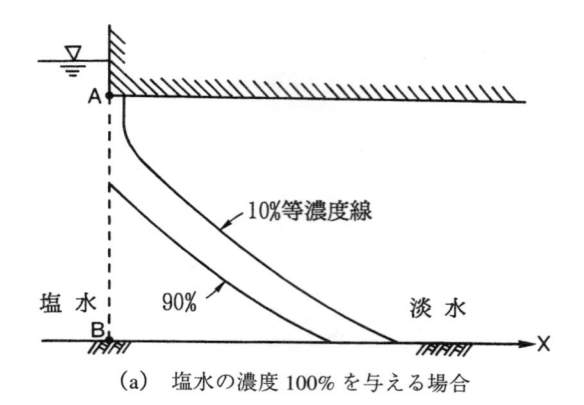

(a) 塩水の濃度 100% を与える場合

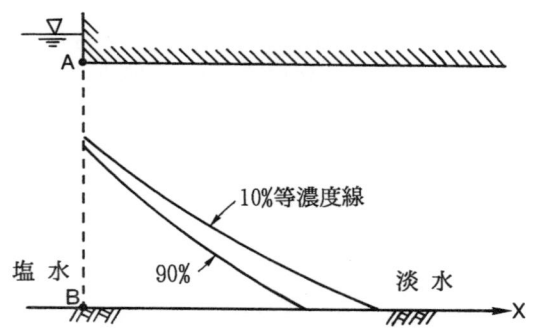

(b) 塩水と混合しない淡水流出があるとして 0% の濃度を与える場合

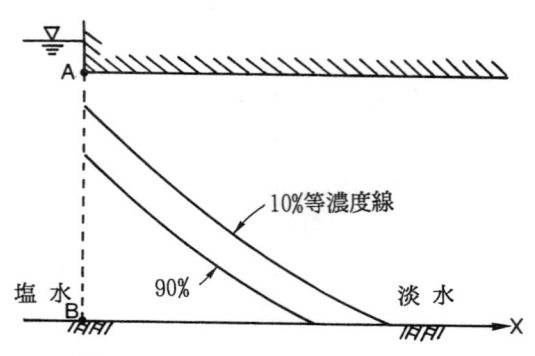

(c) x 方向のみ濃度勾配を 0 とする場合

図 4.5 淡水流出部（$u' < 0$ の部分）の塩分濃度の境界条件に対する検討

表 4.3　計算条件

x 方向の差分格子間隔	Δx (cm)	0.5
y 方向の差分格子間隔	Δy (cm)	0.5
緩和係数	ω	1.6
収束判定基準値	ε_0 (cm)	10^{-4}
分子拡散係数	D_M (cm^2 s^{-1})	10^{-5}

表 4.4　計算に用いた縦方向および横方向分散長[6]

	実験1 [相馬砂]	実験2, 実験3 [ガラス球]
縦方向分散長　α_L (cm)	0.0221	0.2196
横方向分散長　α_T (cm)	0.0040	0.0058

ここに, D_L および D_T は縦方向および横方向分散係数である. なお, 上記2式は $0.05 < R_e < 3.5$ で成り立つことが示されている. 式 (4.13), (4.14) に代入して算定した縦方向と横方向の分散長を表4.4に示している.

数値解析では厳密には圧力水頭および濃度分布に関する方程式は同時に成り立つ必要がある. しかし, 非線形連立方程式を反復修正して計算することは煩雑で, また大きな計算容量が必要となる. ここでは差分時間間隔を十分に微小に取ることによって, 以下のような手順で十分に計算の精度が確保できると考えた. すなわち, 塩分濃度から得られる密度を既知として, 式 (4.1), (4.2), (4.3) より圧力水頭と流速分布を求める. 次いで式 (3.7), (3.8), (3.9) より分散係数を求め, これらの値を用いて式 (4.5) より塩分濃度を計算する. 得られた塩分濃度から式 (4.6) を用いて密度 ρ を求める. 引き続く時刻も同様な計算を繰り返す.

次に, 不圧帯水層において不飽和領域も含めた数値計算を行うには, 地盤の不飽和特性として負の圧力水頭 h に対する体積含水率 θ ($h-\theta$ 曲線), 飽和透水係数 k_s と不飽和透水係数 $k(h)$ の比 $k_r = k/k_s$ (k_r-h 曲線) および比水分容量 (c_w-h 曲線) を与える必要がある. ここでは, 粒度試験により得られた粒度分布に基づいて, Mualem の土質カタログ[8]と比較し, 類似した粒度分布 (No. 4118) についての h と θ との関係を適用する. このデータに, van Genuchten が提案した理論式[9]

$$\Theta = \frac{\theta - \theta_r}{\theta_s - \theta_r}, \quad \Theta = \left[\frac{1}{1+(\alpha|h|)^n}\right]^m \tag{4.15}$$

$$k_r = \Theta^{1/2}\{1-(1-\Theta^{1/m})^m\}^2 \tag{4.16}$$

$$c_w = \frac{\alpha m(\theta_s - \theta_r)\Theta^{1/m}(1-\Theta^{1/m})^m}{1-m} \tag{4.17}$$

を適用する．ここに，飽和透水係数 $k_s = 0.02$ cm s^{-1}，飽和体積含水率 $\theta_s = 0.342$，残留体積含水率 $\theta_r = 0.075$，α, m, n は定数であり，$\alpha = 0.0491$ cm^{-1}，$m = 0.8599$，$n = 7.138$ となる．図 4.6 には，上式によって得られた不飽和特性曲線を示している．

表 4.5 は，図 4.1 に示す解析領域 ABCDEF の各境界における圧力水頭と塩分濃度に関する境界条件である．境界 AF は地表面における単位面積当りの鉛直下向きへの降雨による浸透量あるいは上向きへの蒸発量を与える境界であるが，ここでは 0 とする．

なお，地下水流れの式 (4.1)〜(4.3) の数値計算には陰形式差分法を用い，差

表 4.5 境界条件

境界	圧力水頭	塩分濃度
AB	$\frac{\partial}{\partial x}\left(k\frac{\partial h}{\partial x}\right) = 0$	$u'\theta C - \theta D_{xx}\frac{\partial C}{\partial x} = 0$
BC	$h_b = (H_s - y)\frac{\rho_s}{\rho_f}$	$u' \geqq 0$ の部分: $C_b = 100\%$ $u' < 0$ の部分: $\frac{\partial C}{\partial x} = 0$
CD	$-k\left(\frac{\partial h}{\partial y}+\frac{\rho}{\rho_f}\right) = 0$	$\frac{\partial C}{\partial y} = 0$
DE	$h_b = H_s - y$	$C_b = 0\%$
EF	$\frac{\partial}{\partial x}\left(k\frac{\partial h}{\partial x}\right) = 0$	$u'\theta C - \theta D_{xx}\frac{\partial C}{\partial x} = 0$
AF	$-k\left(\frac{\partial h}{\partial y}+\frac{\rho}{\rho_f}\right) = 0$	$C_b = 0\%$

(a) $h - \theta$ 曲線

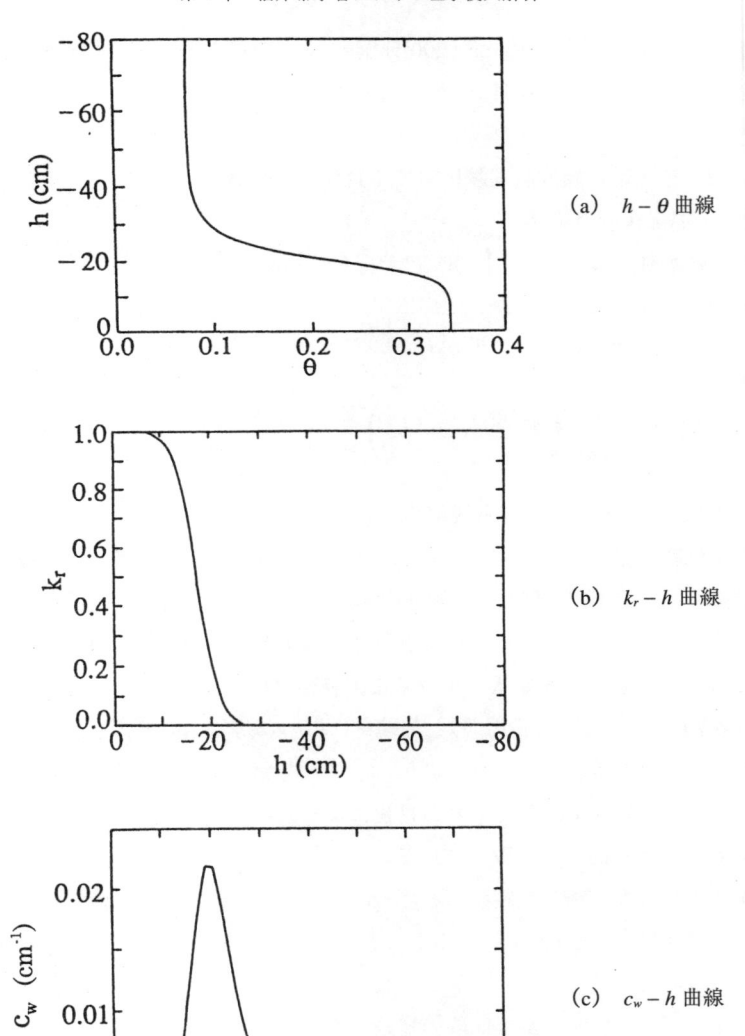

(b) $k_r - h$ 曲線

(c) $c_w - h$ 曲線

図 **4.6** 不飽和特性曲線

分格子間隔は x 方向に 13 cm（200 分割），y 方向に 7.5 cm（128 分割）であり，差分時間間隔は，安定条件を満たすようにとっている．

4.4.2 被圧帯水層模擬実験に対する数値計算の適用

（1） 定常状態の場合

被圧帯水層における定常状態での非混合淡塩水境界面の算定式は，Rumer and Harleman によって海側の淡水流出口で鉛直方向の流速を考慮した準一様流の仮定のもとで，次式のように導かれている[10]．

$$H(x) = \frac{q}{\varepsilon k_s} \left(2 \frac{\varepsilon k_s}{q} x + 0.55 \right)^{1/2} \tag{4.18}$$

ここに，$H(x)$ は x 軸から淡塩水境界面までの深さ，q は海側へ流出する淡水の単位幅流量，ε は相対密度差であり，ρ_s を塩水密度とすると $\varepsilon = (\rho_s - \rho_f)/\rho_f$ で表される．式(4.18)に実測値の k_s，q および ε を代入して得られる淡塩水境界面と，室内実験で赤紫色に着色した塩水と淡水の境界を目視により観測して得た淡塩水境界面形状を比較して実験結果の妥当性を検証した．

図 4.7 には，実験 1（相馬砂）と実験 2（ガラス球）について，室内実験で目視観測により得た淡塩水境界面形状を○印で，式(4.18)により算定した非混合淡塩水境界面を×印で示している．目視による淡塩水境界面形状は，非混合淡塩水境界面と比較的よく一致している．

また流れの場の精度を確認するために淡水流入量の実測値と数値解とを比較した．表 4.6 に示しているように，実験 1 および実験 2 とも実測値と数値解はよく一致している．

図 4.7 には，さらに 20% 間隔の等濃度線の数値解を実線で示している．目視観測による淡塩水境界面の位置は色素の混合のため明確には識別が難しいが，

表 4.6 定常状態での淡水流入量[6]

	実験 1 ［相馬砂］	実験 2 ［ガラス球］
実測値 q (cm² s⁻¹)	0.27	2.20
数値解 q (cm² s⁻¹)	0.28	2.31

(a) 実験1（相馬砂）

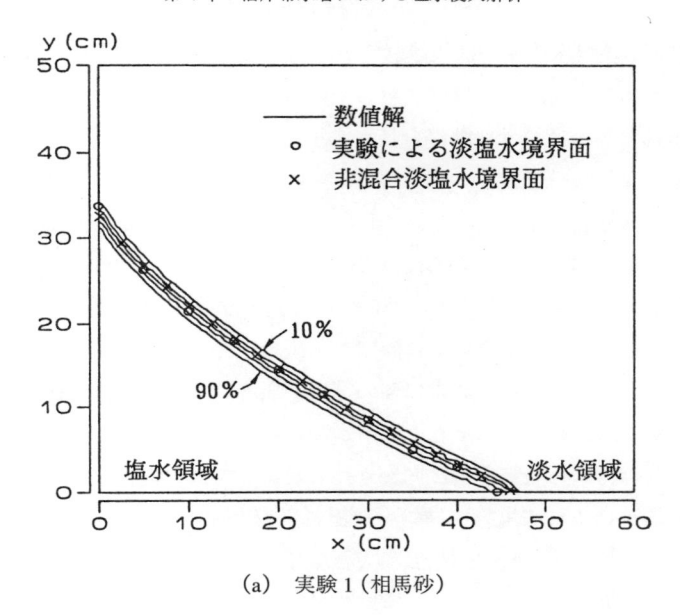

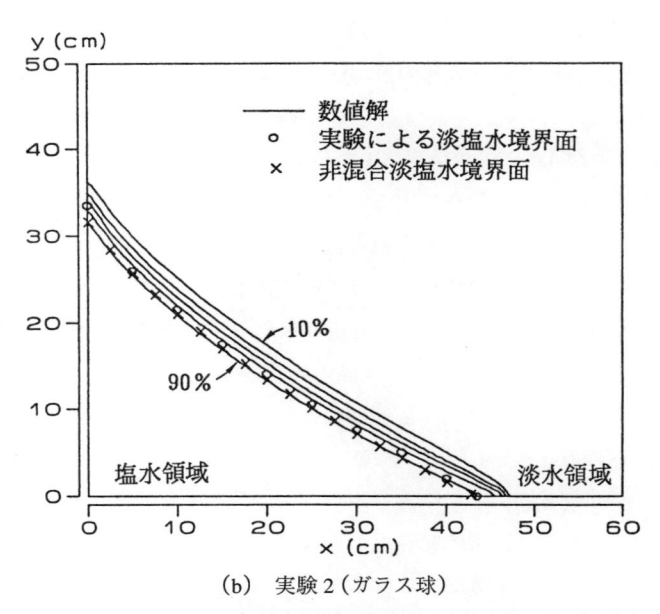

(b) 実験2（ガラス球）

図 4.7 定常状態での非混合淡塩水境界面と塩分濃度分布[6]（数値解の等濃度線は20%間隔）

実験1による淡塩水境界面は数値解の50%等濃度線と比較的よく一致し，実験2のそれは90%等濃度線にほぼ一致している．また，実験1および実験2に対する数値解の等濃度線は，非混合淡塩水境界にほぼ平行になっている．実験2の数値解による塩分濃度が10%から90%に変化する淡塩水混合域は，実験1のそれに比べて広くなっている．これは，実験2で用いたガラス球の粒径が実験1のそれに比べて大きいからである．

図4.8には，実験1と実験2についての流速ベクトル分布の数値解を示している．この図から，淡水領域では陸側から淡塩水混合域に沿って淡水の流れがみられる．塩水領域では，非常に遅い速度で塩水が陸側に輸送されている．淡塩水混合域では，輸送されてきた塩水が陸側から流入する淡水の影響により混合域で流れの方向を変え海側に向かう．したがって，定常状態ではこのような塩水の循環流によって塩分の補給と流出に平衡が保たれていると考えられる．このように，地下水流れの運動方程式と塩分濃度に関する移流分散方程式を連立して数値計算することにより，実験では得ることが困難な淡塩水混合域における塩分輸送のメカニズムを再現でき，現象の把握に必要な知見が得られる．なお，図4.8に示している流速の値 (0.09 cm s^{-1} および 1.07 cm s^{-1}) は数値解の最大値である．

図4.9には，図4.3に示す境界ABから $x = 4$ cm, 20 cm および 34 cm の位置で測定した鉛直塩分濃度分布の実測値と同じ位置における数値解を比較している．実験1および実験2とも実測値と数値解の鉛直濃度分布の傾向は，よく一致している．また，陸側に比べて海側の鉛直濃度分布の広がり幅が大きくなっている．これは，図4.8に示している流速ベクトル分布の数値解からもわかるように，陸側に比べて海側へ向かう淡水の流速が大きくなり，その結果，式(3.7), (3.8), (3.9) に示した流速依存型の分散係数が大きくなることに起因していると考えられる．

次に，海側に最も近い $x = 4$ cm での鉛直濃度分布を見ると，数値解と実測値は，ほぼ一致しており，本章で提示した海側の淡水流出部での境界条件の与え方が妥当であることが分かる．

(2) 非定常侵入過程の場合

図4.10には陸側の淡水水深を 54.9 cm から 53.0 cm に低下させてから1分，

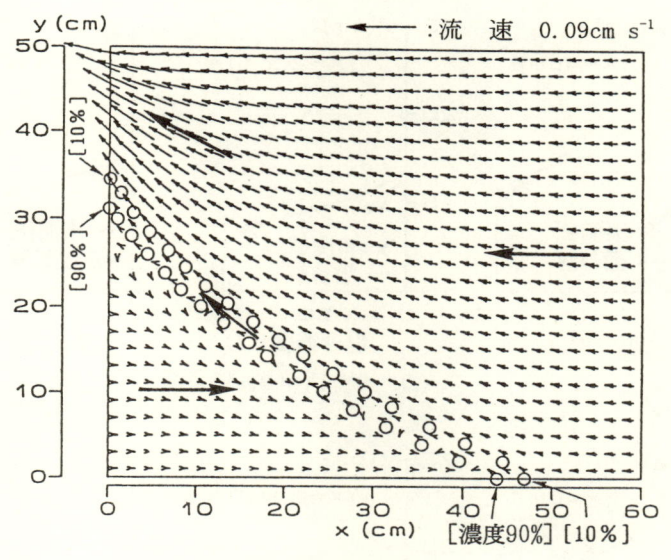

(a) 実験1（相馬砂）

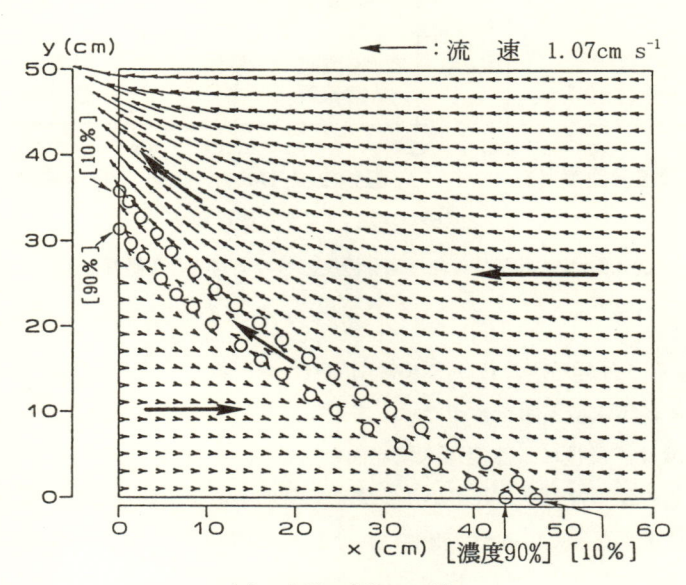

(b) 実験2（ガラス球）

図 **4.8** 定常状態での流速ベクトル分布[6]

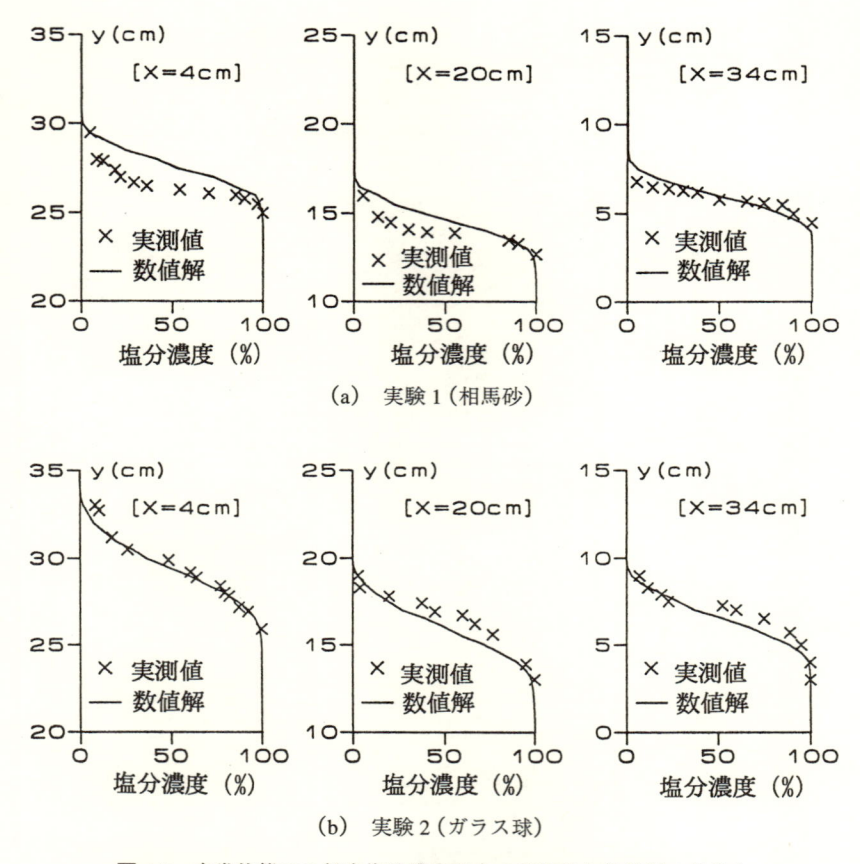

図 4.9　定常状態での鉛直塩分濃度分布の実測値と数値解の比較[6]

3分および5分経過後における20%間隔の等濃度線の数値解を実線で，目視観測による淡塩水境界面を×印で示している．数値解の等濃度線によって表される混合域は，目視による淡塩水境界面とほぼ同じ速度で陸側へ侵入していて，数値計算の妥当性が示されている．また，数値解による混合域は，塩水の侵入とともに広くなっているが，海側における淡水流出部での混合域の広がり幅は，淡塩水境界面の侵入先端に比べて狭くなっている．

図4.11には侵入開始3分経過後の数値解の流速ベクトル分布を示している．この図から，次のような考察ができる．淡水領域においては，帯水層上部に淀

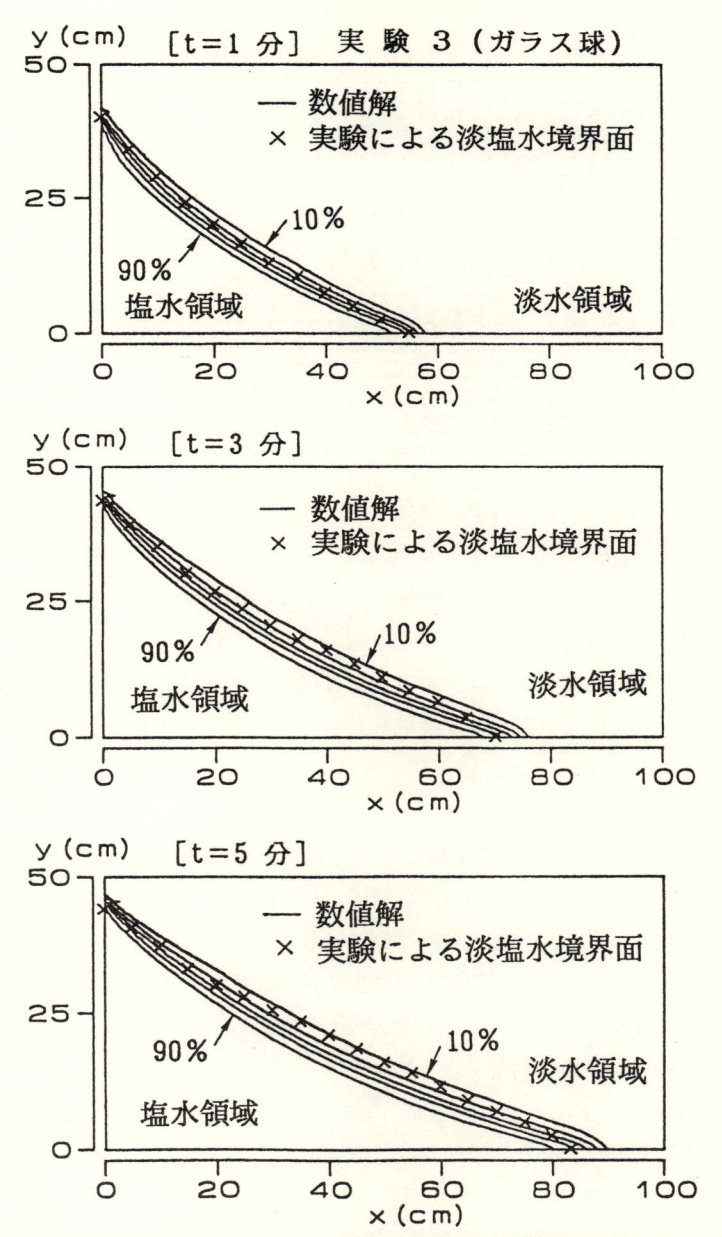

図 **4.10** 非定常塩水侵入過程での塩分濃度分布の時間変化[6]（数値解の等濃度線は20%間隔）

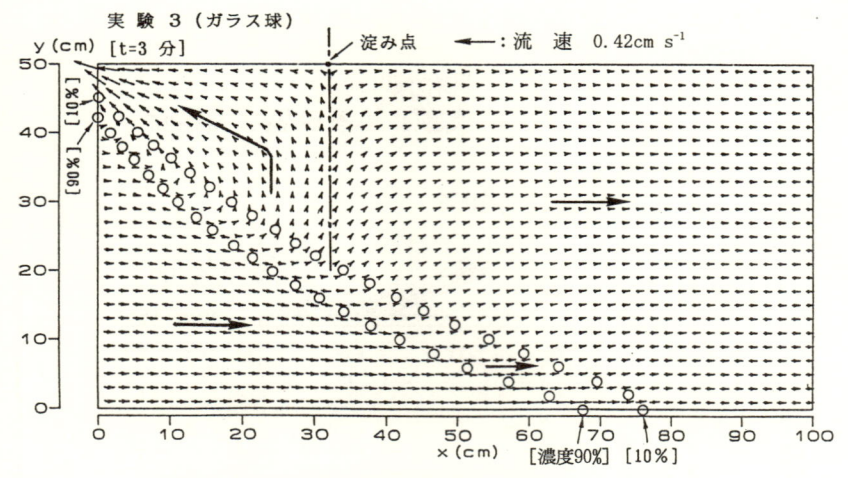

図 4.11 非定常塩水侵入過程での流速ベクトル分布[6]

み点が現れ，淀み点を通る淡水側のほぼ垂直線を境に海側の淡水は海側に流れ，陸側の淡水は陸側に戻っている．塩水領域では，下部に近いほど陸側への流速が大きい．淡塩水混合域では，淀み点より海側の塩水は海側へ戻っている．また淀み点より陸側では，水平流速成分が卓越していて塩水も淡水も陸側に流れている．なお，淀み点は，侵入開始5分経過後までの計算においてもほぼ図4.11と同じ位置にあった．

図4.12には，$x = 20$ cm の位置での各時刻における実測値と数値解の鉛直塩分濃度分布を比較している．時間の経過に伴って数値解の分散幅が実測値より少し広がっているが，分布の傾向は概ね一致している．また，定常状態に比べて非定常塩水侵入過程の鉛直濃度分布の広がり幅が大きくなっている．これは，非定常塩水侵入過程の淡塩水混合域での流速が定常状態のそれに比べて大きく，したがって分散係数が大きくなっているためである．

図4.13には，下部不透水性境界上 $y = 1$ cm の高さでの x 軸方向の濃度分布の経時変化を示している．数値解は，実測値とよく一致している．定常状態では混合域が $x = 40 \sim 48$ cm の範囲で存在しているのに対し，例えば5分経過後では $x = 79 \sim 90$ cm の範囲に存在している．したがって，非定常侵入過程では x 軸方向の濃度分布の幅が広くなっていくことが分かる．

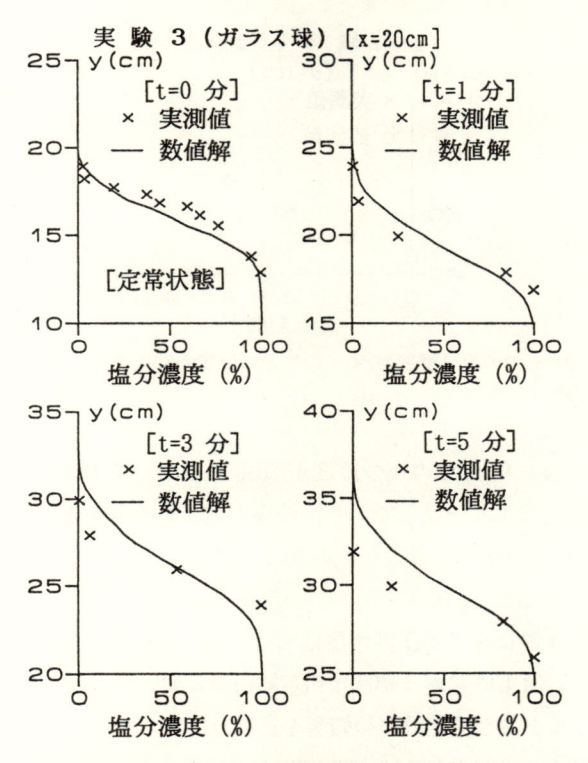

図 4.12　鉛直塩分濃度分布の時間変化の実測値と数値解の比較[6]

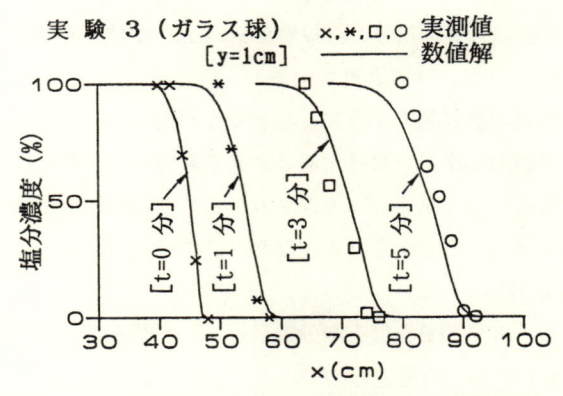

図 4.13　$y=1\,\mathrm{cm}$ での水平塩分濃度分布の時間変化の実測値と数値解の比較[6]

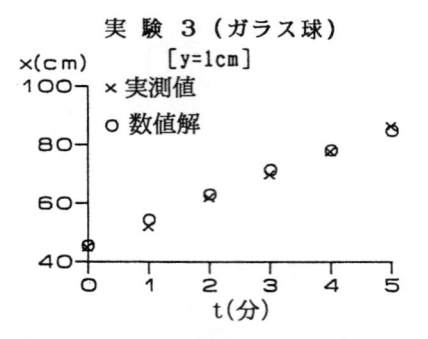

図 4.14 $y=1$ cm での塩分濃度が 50% に等しい位置の時間変化の実測値と数値解の比較[6]

図 4.14 は，$y=1$ cm での塩分濃度が 50% に等しい位置の時間変化である．数値解は実測値によく一致しており，淡塩水境界面の侵入先端は，x 軸方向にほぼ 0.133 cm s^{-1} の速度で侵入していることが分かる．

4.4.3 現地実験による不圧帯水層における塩分濃度の観測

現地実験は，図 4.15 に示す福岡市西戸崎海岸において掘削されたボーリング孔における水位および濃度分布の観測を行った．1978 年 2 月 23 日～2 月 24 日にかけて水位および濃度分布を 1 時間ごとに観測した．

図 4.16 には，現地海岸の不圧帯水層の概略を示している．濃度分布の観測を行うボーリング孔は，平均潮位の汀線から $x=8$ m，水位の観測を行うボーリング孔は $x=26$ m の位置に設置されている．

地盤は，土質柱状図に示すように，地表面から約 9.6 m 以深では，シルト層となり透水性が極めて小さい難透水層と考えられ，数値計算ではこの位置を不透水性境界としている．地表面より深さ 9.6 m までは貝殻木片等が混入しているが，一様な砂層地盤と考えられる．なお，図中の塩水深および淡水深は平均潮位時の水深を示している．

数値計算を行う上で必要な横方向分散長には，籾井らによって提案された濃度分布の実測値に基づいた推定方法[11]により推定した値 $\alpha_T = 0.36$ cm を用いる．また，縦方向分散長 α_L については，以下のようにして定めた．Laplace の式の数値解[12]による淡水流量 q (0.11 cm^2 s^{-1}) と間隙率 n (0.342) を用いて陸側境界

第4章 沿岸帯水層における塩水侵入解析　　　　　　　　　　　　　　95

図 4.15　現地観測位置

図 4.16　現地不圧帯水層の概略[13]

地　質　特　性

⊠：埋土(鉱滓の埋土で砂レキ状)
▦：細〜粗砂(粒土分布のよい砂で貝殻細片及び木片混入)
▨：砂混じりシルト(塑性強く細砂含み貝殻細片が多量に混入)
☰：シルト(塑性強く極めて軟質で貝殻片、雲母片混入)

における断面平均実流速 q' を求めると 0.00042 cm s^{-1} となる．他方，ボーリングにより採取された土から貝殻細片および木片を除いた砂の平均粒径は0.045 cm である．これらの値を用い，Reynolds 数を計算すると 0.0019 となり，式 (4.12), (4.13) が適用可能な範囲 ($0.05 < R_e < 3.5$) にない．したがってここでは，$\alpha_L = \alpha_T$ とした場合と，一般的には α_L が α_T よりも大きいといわれていることから $\alpha_L = 10\,\alpha_T$ の場合の 2 ケースについて，数値計算を行った．

図 4.17 には，鉛直塩分濃度分布の実測値を×印で，推定値 α_T を上田らによって導かれた図 4.16 に示す $O_2 - xy$ 座標系における塩分濃度の近似解[14)]

$$C(x, y) = 100\left[1 - \left\{1 - \frac{1}{\sqrt{2\pi}}\int_{\eta}^{\infty}\exp\left(\frac{-\xi^2}{2}\right)d\zeta\right\}^{1/2}\right] \quad (4.19)$$

に代入して求めた推定濃度分布を実線で，さらに推定値 α_T (0.36 cm) と α_L (3.60 cm) とを用いた数値解による濃度分布を○印で示し比較している．近似解と数値解は，ともに実測の濃度分布をよく表していると言えよう．深さ 6.0 m〜7.0 m の範囲では近似解の濃度分布は深さ方向に徐々に増加しているのに対し，実測値は直線的である．これは，現地地盤の透水係数が 6.0 m 以深でやや小さくなっているためと考えられる．しかし，籾井ら[11)]による推定法は鉛直濃度分布の全体的な傾向を表す α_T を求めることを目的とするものであるから，実用上は問題ないと言える．次に，α_L を 0.36 cm とした場合の数値解でもほぼ同じような鉛直濃度分布が得られたのに対して，α_T を 3.60 cm とした場合には，図 4.18 に示すように濃度分布の広がりがほぼ 1.4 倍程度大きく得られた．これは，定常状態では流れ方向の分散項が鉛直濃度分布にあまり影響しないことを示している．したがって，以後の計算結果は，$\alpha_L = 3.6$ cm のものを示している．

図 4.19 には，Laplace の式の数値解による非混合淡塩水境界面の推定形状を●印で，20% 間隔の等濃度線の数値解を実線で示している．このように現地では，ほぼ 70 cm 程度の混合域が存在するものと考えられる．また，非混合淡塩水境界面は，90% 等濃度線にほぼ一致している．

図 4.20 には，流れの場が定常になった場合の流速ベクトル分布を示している．図から淡塩水境界面から下の領域では，非常に遅い速度で塩水が淡水領域

第4章　沿岸帯水層における塩水侵入解析　　97

図 **4.17**　鉛直濃度分布[13]

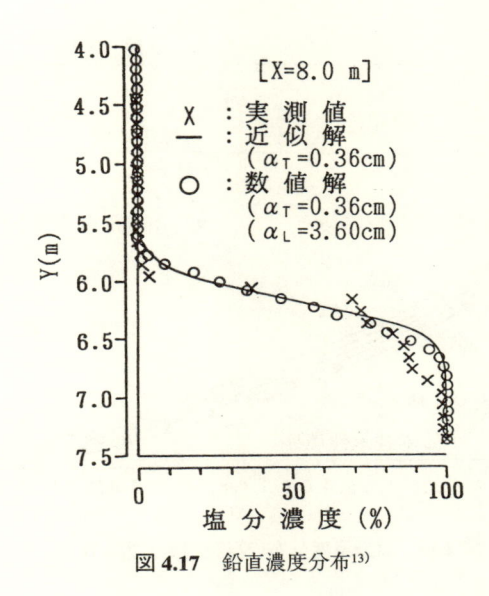

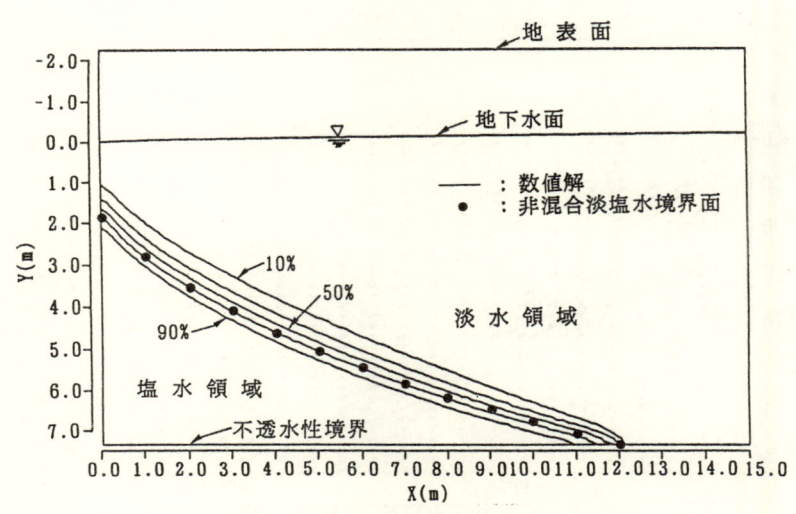

図 **4.18**　塩分濃度分布(等濃度線は 20% 間隔)

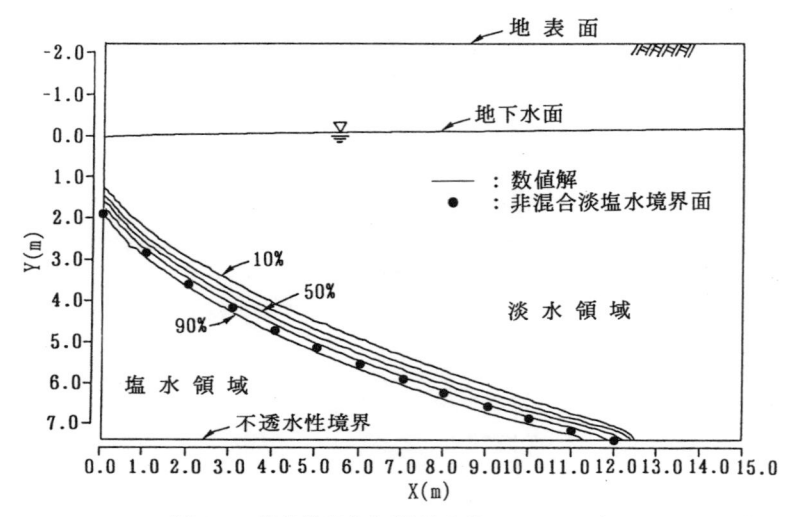

図 4.19 塩分濃度分布(等濃度線は 20% 間隔)[13]

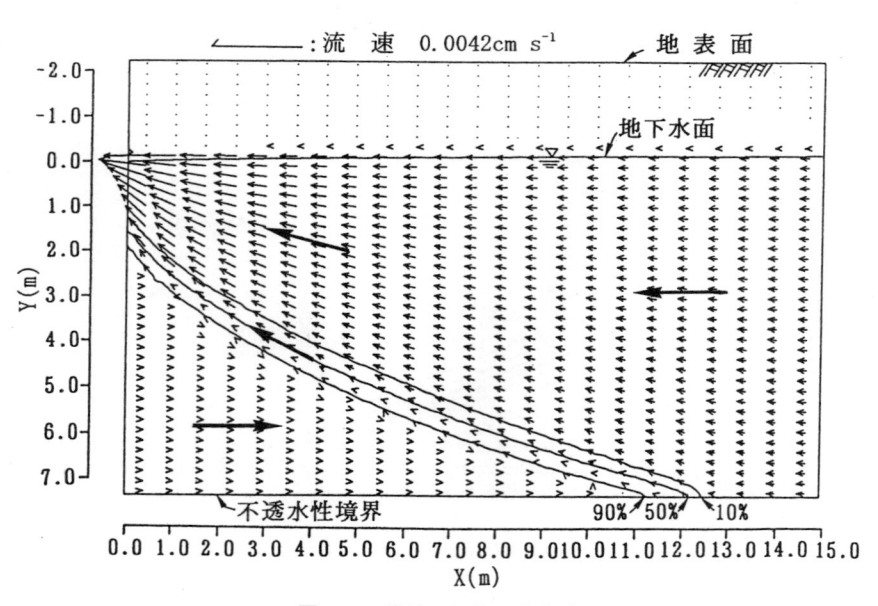

図 4.20 流速ベクトル分布[13]

に向かって輸送されていること，また濃度が 10% から 90% の混合域では，輸送された塩水が陸側から海に向かって流れる淡水流に乗って再び海側へもどっている．なお，図中の流速 0.0042 cm s^{-1} は数値解の最大流速である．

参考文献

1) 大西有三・西垣　誠：土中水の不飽和流動—3. 不飽和流の解析—，土と基礎，Vol. 29, No. 7, pp. 65–72, 1981.
2) 地下水入門編集委員会：『地下水入門』，土質工学会，p. 67, 1983.
3) 椿東一郎：『水理学 II』，森北出版，p. 254, 1974.
4) 山本浩司・中川　啓・細川土佐男・神野健二：サトウキビ畑地の不攪乱試料の不飽和浸透と地下水位上昇特性の検討，九州大学工学集報，第 72 巻，第 4 号，pp. 384–390, 1999.
5) Huyakorn, P. S. and G. F. Pinder: Computational method in subsurface flow, *Academic Press*, pp. 186–187, 1983.
6) 細川土佐男・籾井和朗・神野健二・上田年比古・伊藤敏朗：被圧帯水層における塩水混合域の分散特性に関する実験及び数値解析による検討，第 33 回水理講演会論文集，pp. 193–198, 1989.
7) Harleman, D. R. F. and R. R. Rumer: Longitudinal and lateral dispersion in an isotropic porous medium, *J. Fluid Mech.*, Vol. 16, pp. 385–394, 1963.
8) Mualem, Y.: A catalogue of the hydraulic properties of unsaturated soils, *Hydrodynamics and Hydraulic Laboratory*, Israel, 1976.
9) van Genuchten, M. T.: A closed-form equation for predicting the hydraulic conductivity of unsaturated soils, *Soil Science Society of America Journal*, Vol. 44, pp. 892–898, 1980.
10) 土木学会水理委員会編：『水理公式集』，土木学会，pp. 382–384, 1985.
11) 籾井和朗・細川土佐男・神野健二・伊藤敏朗：海岸帯水層における鉛直塩分濃度分布に基づく横方向分散定数の推定方法，土木学会論文集，第 471 号 / II-12, pp. 45–53, 1989.
12) 細川土佐男・神野健二・籾井和朗：現地ボーリング孔内の塩分濃度実測値に基づく横方向分散定数の推定と数値シミュレーション，水工学論文集，第 36 巻，pp. 425–426, 1992.
13) 細川土佐男・神野健二・籾井和朗：現地ボーリング孔内の塩分濃度分布に基づく横方向分散定数の推定と数値シミュレーション，水工学会論文集，第 36 巻，pp. 423–428, 1992.
14) 上田年比古・神野健二・藤野和徳：地下密度流の淡塩境界面の混合について，九州大学工学集報，第 50 巻，第 3 号，pp. 183–189, 1977.

第5章　土壌における多相流解析

5.1　揮発性有機塩素化合物による地下水・土壌汚染の現状

トリクロロエチレン (trichloroethylene, TCE) やテトラクロロエチレン (tetrachloroethylene, PCE) などの揮発性有機塩素化合物 (volatile organochlorines, VOCs) は溶剤として油脂洗浄力が非常に強く，金属部品，IC，電子部品の洗浄，ドライクリーニングや塗料の溶剤として多方面にわたり使用されてきた．そのため，溶剤の管理や使用方法，処理・処分の仕方によってはいたるところで環境汚染を引き起こす可能性がある．実際，全国各地でかなりの数の地下水・土壌汚染が報告されている[1]．

表 5.1 に主な揮発性有機塩素化合物の物性を示している．一般的な性質は，① 難溶解性，② 低粘性・低表面張力，③ 揮発性，④ 高密度(高比重)，⑤ 土壌中有機炭素への吸着性，⑥ 難分解性，⑦ 蓄積性である．このような物性を持った揮発性有機塩素化合物の地下環境への浸入経路には，① 排水が排水路の素掘り区間や破損箇所などから地下浸透する以外に，② 排ガスが降雨や降塵と

表 5.1　主な揮発性有機塩素化合物の物性

	水	トリクロロエチレン	テトラクロロエチレン	1,1,1-トリクロロエタン
密度 ($\times 10^{-3}$ kg m^{-3})	0.99910[a]	1.4762[a]	1.6311[a]	1.3459[a]
蒸気圧 (mmHg)	12.79[a]	47.31[c]	18.47[c]	120.7[c]
溶解度 (mg L^{-1})	—	1,100[c]	150[c]	1,320[b]
粘性係数 (mPa-s)	1.002[b]	0.580[b]	0.880[b]	0.903[a]
表面張力 (N m^{-1})	0.073[b]	0.030[b]	0.032[b]	0.026[b]

a: 15°C, b: 20°C, c: 25°C

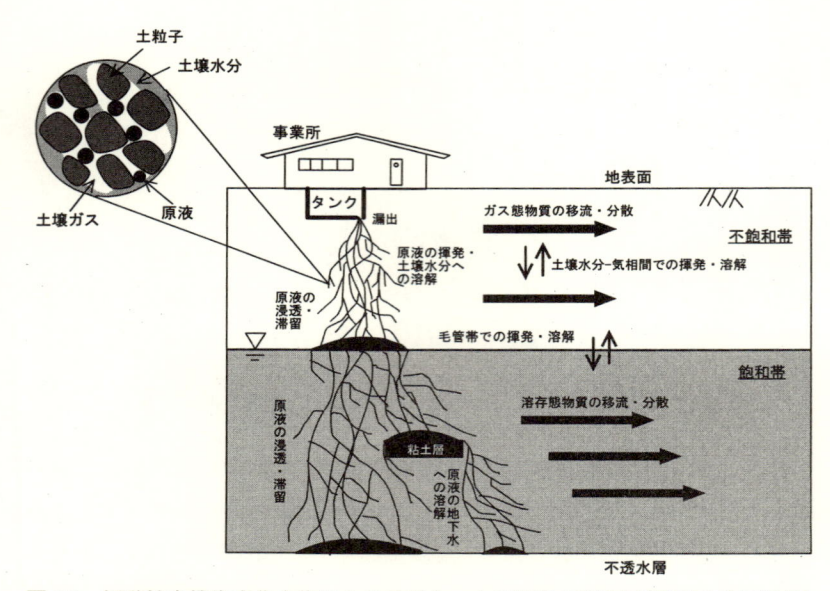

図 5.1　揮発性有機塩素化合物による地下水・土壌汚染の概略図（原液の地下浸透）

ともに土壌に移行する，③原液が地下タンクやドラム缶などから漏出するなどが考えられる[2)~4)]．この中で，原液が浸入した場合，原液は地下水に少しずつ溶け出していくが，地下水の流れが遅いほど地下水との接触時間が長くなり，飽和溶解度に近い濃度まで溶出する．その結果，地下水は排水や排ガス由来のものと比べて非常に高濃度に汚染される．また一旦原液が浸入すると，難溶解で蓄積性があるので長期間にわたって汚染源として存在し，汚染を長引かせる．

図 5.1 に揮発性有機塩素化合物による地下水・土壌汚染の概略図を描いている．地下タンクなどから漏出した原液は土壌中の有機炭素への吸着や粒径の小さい土壌中（土壌間隙の小さい場所）での滞留，気化や土壌水分への溶解といった現象をともないながら，その低い粘性や表面張力のために水よりも速く不飽和土壌中を浸透していく．地下水面に達した原液は粒径の大きな土壌の（土壌間隙が大きい）場合にはそのまま飽和帯へ浸入していくが，粒径が小さい場合には水との間に界面を形成し，一旦地下水面上部に滞留した後，地下水面の変動などによって浸入する．原液が飽和帯に浸入する際には，フィンガリング現象が生じることが確認されている．飽和帯へ浸入した原液は，徐々に地下水に溶解

しながら土壌間隙が小さければそこに滞留し，大きければ水よりもかなり重いので飽和帯深部へと移動していき，最終的には不透水層上面に沈積する．地下水に溶解した揮発性有機塩素化合物は，土壌中の有機炭素へ吸着されながら，地下水の流れに乗って下流へと移動していく．その中で毛管帯中に溶解しているものは，途中で土壌ガスとの間の濃度差によって揮発する．一方，不飽和土壌中のガスは土壌水分との間の揮発・溶解を繰り返しながら主に拡散によって周辺へ広がっていく．すなわち，揮発性有機塩素化合物は土壌中で水に溶解した状態（溶存態），ガスの状態（ガス態），および原液状態（DNAPLs, denser-than-water non-aqueous phase liquids）で存在し，異なる非混合性流体として土壌中を移動する．

地下水・土壌汚染が発見された地域では，地下環境を元の状態に戻すために汚染浄化対策（修復対策）を実施しなければならない．図5.2に地下水・土壌汚染の浄化対策技術の分類を示している．浄化対策技術は土壌や地下水から汚染物質を除去し，無害化するものであるが，大きくは ① 汚染物質の拡散防止技術と ② 汚染物質の分解・除去技術に分けられる．この中で汚染地下水の揚水は最も代表的なものである．しかし，不飽和土壌中に存在するガス態の物質は回収できない．そこで，揮発性有機塩素化合物などに対しては土壌ガス吸引技術が多くの現場で併用されている（二重抽出法）[5]．土壌ガス吸引技術は不飽和帯に負圧をかけて土壌ガスの吸引を行い，ガス態の物質を除去する（図5.3）．さらに，不飽和土壌中に滞留している原液や土壌水分中に溶解している物質の気化を促進させる．したがって，この技術の実施にあたっては不飽和土壌中における非混合性流体（水とガス）の移動特性とともに揮発・溶解過程を含んだ物質

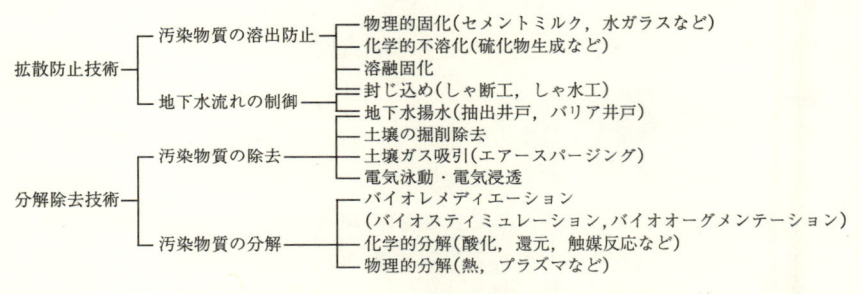

```
                    ┌ 汚染物質の溶出防止 ─┬ 物理的固化(セメントミルク，水ガラスなど)
                    │                    ├ 化学的不溶化(硫化物生成など)
拡散防止技術 ───────┤                    └ 溶融固化
                    └ 地下水流れの制御 ──┬ 封じ込め(しゃ断工，しゃ水工)
                                         └ 地下水揚水(抽出井戸，バリア井戸)
                    ┌ 汚染物質の除去 ────┬ 土壌の掘削除去
                    │                    ├ 土壌ガス吸引(エアースパージング)
分解除去技術 ───────┤                    └ 電気泳動・電気浸透
                    └ 汚染物質の分解 ────┬ バイオレメディエーション
                                         │   (バイオスティミュレーション，バイオオーグメンテーション)
                                         ├ 化学的分解(酸化，還元，触媒反応など)
                                         └ 物理的分解(熱，プラズマなど)
```

図 5.2　地下水・土壌汚染浄化対策技術の分類

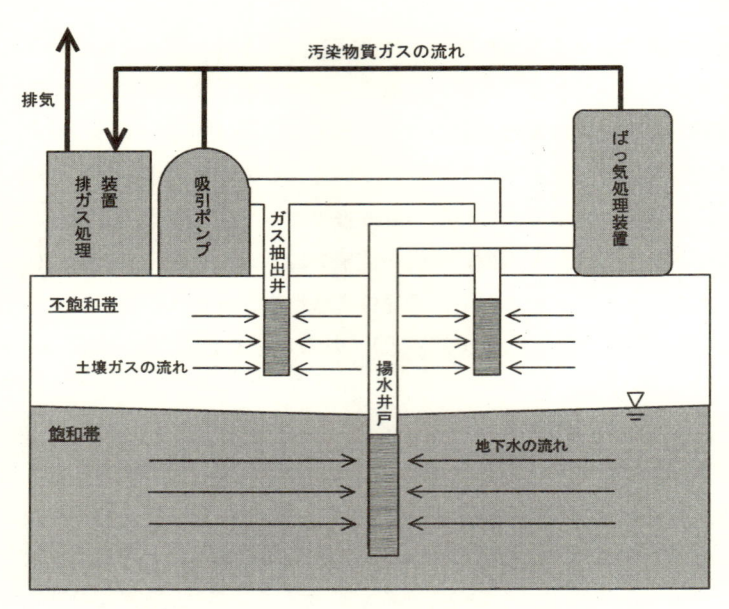

図 5.3　土壌ガス吸引技術(二重抽出法)の概略図

輸送特性の解明が重要となる．また，最近は地下水中に空気を吹き込み，地下水の流れを攪乱することで溶解している物質を揮発させ，不飽和帯でガスとして除去するエアースパージング技術が実施されつつある(図 5.4)[6]．この技術は二重抽出法と異なり，汚染された地下水の処理が不要になる．そのため，土壌ガス吸引技術と同様な地上設備で設置が簡単，費用が安くなるなどの利点がある．また，実施期間が揚水よりも短くなることも期待される．しかし，空気を吹き込むことで地下水の流れが乱され，地下水や土壌ガス中の物質の回収量に影響が生じる．また，汚染物質を周辺へ拡散させる危険性もあるので，土壌中における水とガス(2 種類の非混合性流体)の移動特性を明らかにしておくことが重要となる．

　以上のように，揮発性有機塩素化合物による地下水・土壌汚染問題に取り組む場合には，水の単一流体としての流れとその中の物質輸送だけでは表現できない現象が多く存在するため，非混合性流体(原液，水，ガス)の移動を考慮した多相流動解析を行う必要が生じる．そこで，本章では多相流動解析に対する支配方程式を説明した後，室内カラム実験に適用した例[7]を紹介する．

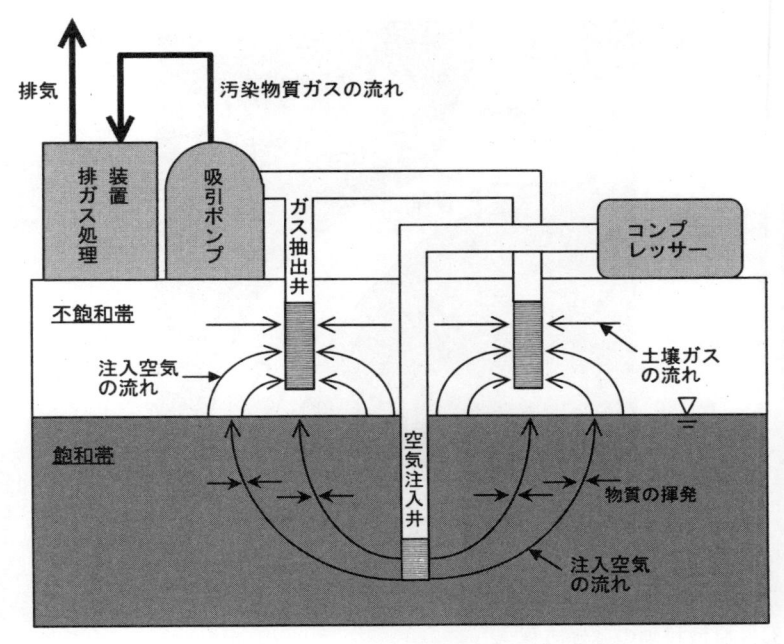

図 5.4　エアースパージング技術の概略図

5.2　支配方程式

5.2.1　流体移動の基礎方程式

3種類の非混合性流体(原液，水分，ガス)が共存する流れを考える(図5.5参照)．簡単のため鉛直1次元で考え，鉛直上方に y 軸をとると，土壌中の流体移動の基礎方程式は，連続方程式と運動方程式(Darcy方程式)から導かれた次式で表される：

(1)　水分移動の基礎方程式

$$\frac{\partial \theta_w}{\partial t} = \frac{\partial}{\partial y}\left[k_w\left(\frac{\partial h_w}{\partial y} + \frac{\rho_w}{\rho_f}\right)\right] + \frac{Q_w}{\rho_w} \tag{5.1}$$

(2)　ガス移動の基礎方程式

$$\frac{\partial (\rho_g \theta_g)}{\partial t} = \frac{\partial}{\partial y}\left[\rho_g k_g\left(\frac{\partial h_g}{\partial y} + \frac{\rho_g}{\rho_f}\right)\right] + Q_g \tag{5.2}$$

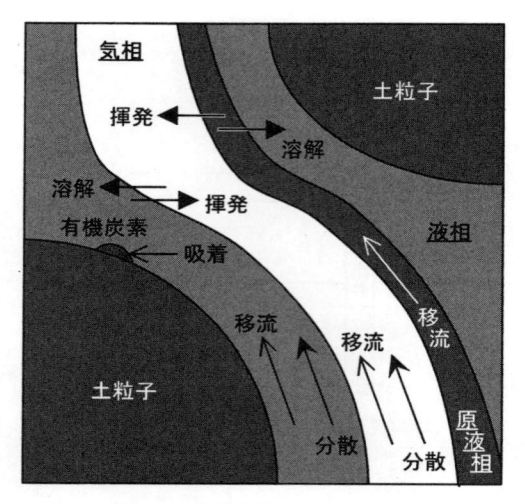

図 5.5　多相流動モデルの概要

(3)　原液移動の基礎方程式

$$\frac{\partial \theta_o}{\partial t} = \frac{\partial}{\partial y}\left[k_o \left(\frac{\partial h_o}{\partial y} + \frac{\rho_o}{\rho_f} \right) \right] + \frac{Q_o}{\rho_o} \tag{5.3}$$

ここに，下付きfは基準となる流体(通常は水)，wは土壌水分，gは土壌ガス，oは原液を表し，θ: 体積含有率，ρ: 流体密度 (kg m^{-3})，k: 透過係数 (m s^{-1})，h: 圧力水頭 (m)，Q: 生成・消滅項 (kg m^{-3} s^{-1}) である．ただし，誘導にあたっては土壌中の流体の透過性は等方的，流体はすべて非圧縮性，水と原液の密度変化はないと仮定している．また，土壌温度は一定で，温度変化の影響は考えていない．

5.2.2　土壌水分特性

土壌間隙中に占める各流体の割合(体積含有率)は，式 (4.15)～(4.17) で示された van Genuchten の理論式[8]を多相流動解析用に変更した Parker モデル[9]で表すことができる：

(1) 土壌水分の体積含有率(体積含水率)

$$\Theta_w = \frac{\theta_w - \theta_r}{\theta_s - \theta_r} = [1 + (\alpha \cdot h_{ow})^n]^{-m} \quad (h_{ow} > 0), \quad \Theta_w = 1 \quad (h_{ow} \leq 0)$$

$$\theta_w = \theta_r + \Theta_w(\theta_s - \theta_r) \tag{5.4}$$

(2) 原液の体積含有率

$$\Theta_t = \frac{\theta_o + \theta_w - \theta_r}{\theta_s - \theta_r} = [1 + (\alpha \cdot h_{go})^n]^{-m} \quad (h_{go} > 0), \quad \Theta_t = 1 \quad (h_{go} \leq 0)$$

$$\theta_o = \theta_r + \Theta_t(\theta_s - \theta_r) - \theta_w \tag{5.5}$$

(3) 土壌ガスの体積含有率

$$\theta_g = \theta_s - \theta_w - \theta_o \tag{5.6}$$

ここに, Θ_w: 土壌水分の相対含有率, Θ_t: 土壌水分および原液の相対含有率, θ_r: 残留体積含水率, θ_s: 飽和体積含水率(土壌間隙率), $\alpha, n, m(= 1 - 1/n)$: 土壌ごとに決まるパラメーター(αのみ長さの逆数の次元をもつ), および h_{ow}, h_{go}: 原液-土壌水分界面, 土壌ガス-原液界面における毛管圧(m)である. ただし, 誘導にあたっては, 流体の湿潤性(水＞原液＞ガス)を考慮し, 原液の体積含有率が小さくて, 原液が連続性のない液滴として存在するような状況でなければ土壌水分と土壌ガスの接触はないと仮定している.

原液が存在しない領域における水分とガスの体積含有率は次式で表される:

(1') 土壌水分の体積含有率(体積含水率)

$$\Theta_w = \frac{\theta_w - \theta_r}{\theta_s - \theta_r} = [1 + (\alpha \cdot h_{gw})^n]^{-m} \quad (h_{gw} > 0), \quad \Theta_w = 1 \quad (h_{gw} \leq 0)$$

$$\theta_w = \theta_r + \Theta_w(\theta_s - \theta_r) \tag{5.7}$$

(2') 土壌ガスの体積含有率

$$\theta_g = \theta_s - \theta_w \tag{5.8}$$

ここに, h_{gw}: 土壌ガス-土壌水分界面における毛管圧 (m) である.

土壌中に存在している3種類の非混合性流体の界面に働く毛管圧は，流体の湿潤性（水＞原液＞ガス）を考慮して次式で表される：

$$h_{ow} = h_o - h_w = \frac{P_o}{\rho_f \cdot g} - \frac{P_w}{\rho_f \cdot g}$$

$$h_{go} = h_g - h_o = \frac{P_g}{\rho_f \cdot g} - \frac{P_o}{\rho_f \cdot g} \qquad (5.9)$$

$$h_{gw} = h_g - h_w = \frac{P_g}{\rho_f \cdot g} - \frac{P_w}{\rho_f \cdot g}$$

ここに，P: 流体圧力（kg m^{-1} s^{-2}），ρ_f: 基準となる流体（通常は水）の密度（kg m^{-3}），g: 重力加速度（m s^{-2}）である．

一方，流体の透過係数は次式で表される：

$$\begin{aligned}
k_w &= k_{ws} \cdot \sqrt{\Theta_w}\left[1 - (1 - \Theta_w^{1/m})^m\right]^2 \\
k_g &= k_{gs} \cdot \sqrt{1 - \Theta_t}\,(1 - \sqrt{\Theta_t})^{2m} \\
k_o &= k_{os}\sqrt{\Theta_t - \Theta_w}\left[(1 - \Theta_w^{1/m})^m - (1 - \Theta_t^{1/m})^m\right]^2
\end{aligned} \qquad (5.10)$$

ここに，k_s: 飽和透過係数（m s^{-1}）である．原液が存在しない領域（$\theta_o = 0$）では，$\Theta_t = \Theta_w$ とすればよい．

5.2.3 物質輸送の基礎方程式

鉛直上方に y 軸をとると，水相および気相中の物質輸送は，次の移流分散方程式で表される：

（1）水相中の物質輸送方程式

$$\frac{\partial(\theta_w C_w)}{\partial t} + \frac{\partial(v_w C_w)}{\partial y} = \frac{\partial}{\partial y}\left[\theta_w D_w \frac{\partial C_w}{\partial y}\right] + S_w \qquad (5.11)$$

（2）気相中の物質輸送方程式

$$\frac{\partial(\theta_g C_g)}{\partial t} + \frac{\partial(v_g C_g)}{\partial y} = \frac{\partial}{\partial y}\left[\theta_g D_g \frac{\partial C_g}{\partial y}\right] + S_g \qquad (5.12)$$

ここに，C: 流体中の物質濃度（kg m^{-3}），v: y 方向の Darcy 流速（m s^{-1}），D: 分散係数（m^2 s^{-1}）で流速依存型（$= \alpha_L |v'| + D_M$）で表される．ここに $v' = v/\theta$，S: 生成・消滅項（kg m^{-3} s^{-1}）である．ただし，気相における移流分散方程式中の C_g は対象とする物質の濃度であり，式 (5.2) 中の混合ガスの密度 ρ_g と区別される．また，C_g と ρ_g の間には以下の関係が成り立っている．

$$\rho_g = \rho_a + C_g \left(1 - \frac{\rho_a}{\rho_v} \right) \tag{5.13}$$

ここに，ρ_a: 純空気密度（kg m^{-3}），ρ_v: 飽和蒸気圧時の対象物質ガス密度（kg m^{-3}）である．

土壌中の物質は，流体の流れによって生じる移流，物質の濃度勾配によって生じる拡散および流速の不均一性によって生じる分散で輸送される．またその過程で，土壌表面への吸着や脱着，界面における揮発・溶解，イオン交換，土壌微生物などによる分解など，それぞれの物質に固有の現象も伴い，物質移動はかなり複雑なメカニズムになる．通常，これらの現象は式 (5.11) および式 (5.12) の右辺第 2 項で表されるが，水相中の物質が土粒子へ吸着する現象は，式 (1.17) や次項で述べる遅れ係数の形で表すことが多い．

なお，式 (5.11)，(5.12) は式 (5.1)，(5.2) を考慮すると次式で表され，特性曲線法の適用が可能になる：

$$\frac{dC_w}{dt} = \frac{\partial C_w}{\partial t} + \frac{v_w'}{R_w} \frac{\partial C_w}{\partial y} = \frac{1}{\theta_w R_w} \frac{\partial}{\partial y} \left[\theta_w D_w \frac{\partial C_w}{\partial y} \right]$$

$$+ \frac{1}{\theta_w R_w} \left(S_w - \frac{C_w Q_w}{\rho_w} \right) \tag{5.11'}$$

$$\frac{dC_g}{dt} = \frac{\partial C_g}{\partial t} + \frac{F_{2g} v_g'}{F_{1g}} \frac{\partial C_g}{\partial y} = \frac{1}{\theta_g F_{1g}} \frac{\partial}{\partial y} \left[\theta_g D_g \frac{\partial C_g}{\partial y} \right]$$

$$+ \frac{1}{\theta_g F_{1g}} \left(S_g - \frac{C_g Q_g}{\rho_g} \right) \tag{5.12'}$$

ここで，R: 遅れ係数（吸着係数）である．また，式 (5.12') 中の F_{1g}，F_{2g} は式の

変形の際に出てきたもので，次式で表される：

$$F_{1g} = \left[R_g - \frac{C_g}{\rho_g}\left(1 - \frac{\rho_a}{\rho_v}\right) \right] \quad (5.14)$$

$$F_{2g} = \left[1 - \frac{C_g}{\rho_g}\left(1 - \frac{\rho_a}{\rho_v}\right) \right] \quad (5.15)$$

ただし，式 (5.11′) への変形は第 1 章，式 (5.12′) への変形は Appendix を参照していただきたい．

5.2.4 吸着過程

土壌中における物質の輸送過程の 1 つに土壌粒子への吸着がある．例えば，地下水中の物質が土粒子に吸着される場合を考えると，地下水中濃度と土粒子表面に吸着されている物質濃度との間には吸着等温式が成立する．吸着等温式には Henry 型，Freundlich 型や Langmuir 型など多く提案されているが，揮発性有機塩素化合物のように水溶液濃度が低い場合にはその多くが式 (1.16) のような線形近似の Henry 型で表される．

$$R_w = 1 + \frac{(1-n)\rho_s}{\theta_w} K_d \quad (5.16)$$

ここに，n: 土壌間隙率，ρ_s: 土粒子の密度 (kg m^{-3})，K_d: 分配係数 (m^3 kg^{-1}) である．ただし，K_d は物質の種類によって変化する．

なお，トリクロロエチレンなどの揮発性有機塩素化合物に対する分配係数 K_d は有機炭素の質量濃度に比例して，次式で表される．

$$K_d = K_{OC} \cdot (OC) \quad (5.17)$$

$$\log K_{OC} = a \cdot \log K_{OW} + b \quad (5.18)$$

ここに，K_{OC}: 比例定数 (m^3 kg^{-1})，OC: 有機炭素の質量濃度 (kg kg^{-1})，K_{OW}: オクタノール・水分配係数，a, b: 定数であり，Karickhoff によると $a = 1.00$, $b = -0.21$ が与えられている[10]．

式 (5.16) は，土壌表面への吸着と脱着反応が瞬時に行われ(局所的平衡)，また可逆的であるとの仮定の下に誘導されている．このことは，土壌に吸着しやすい(分配係数が大きい)物質でも，両者の間に必ず分配平衡が成立しており，わずかではあっても水などの流体中にも含まれる．このモデルの他にも土壌表面への吸脱着反応は，吸脱着反応が瞬時に完了するか(平衡型・非平衡型)，あるいは吸着量と流体中濃度との間に相互作用を考えるかどうか(可逆型・非可逆型)などで分けられる[11]．

5.2.5 界面での質量輸送過程

揮発・溶解といった界面での質量輸送過程を厳密に予測するには，界面の接触領域や形状，そして間隙内における各相の分布がわかっていなければならない．しかし，土壌中での界面接触領域や各相の分布は界面での毛管圧，間隙の大きさや形状などに関係しており，それらを決定することは困難である．そこで，これまで局所的平衡モデル[12]や境膜モデル[13]などの簡便なモデルが界面での質量輸送過程に用いられてきた．局所的平衡モデルは，水相および気相中の物質濃度の間には常に平衡関係が成り立つとする仮定に基づいており，物質輸送の基礎式が1つになることで計算が簡単になる反面，界面での質量輸送過程が評価できない．一方，境膜モデルは2相間が薄い膜で分けられ，Fickの拡散法則に従って物質が界面を輸送されるとする仮定に基づいている．このモデルでは，界面での質量輸送は基本的には非平衡状態の取り扱いになり，質量輸送過程を正確に評価できる．

ここでは境膜モデルについて説明する．なお，このモデルは土粒子まわりの微小な領域における物質の輸送メカニズムを対象としておらず，各相における単位体積中の物質濃度は常に均一と仮定している．

水相-気相間での平衡濃度の間にHenryの法則が成り立つ場合，無次元のHenry定数は次式で表される：

$$H = \frac{16.04 \cdot P \cdot M}{T \cdot C_{w\,max}} \tag{5.19}$$

ここに，H: 無次元のHenry定数，P: ガス分圧 (mm Hg)，M: 分子量 (kg

mol^{-1}), T: 温度 (K), $C_{w\,max}$: 飽和溶解度 (kg m^{-3}) である．ただし，この式はガスを理想気体と仮定して誘導されている．

非平衡状態での水相−気相間での揮発・溶解速度を表す式には，両相間の交換速度が，ある時点でのガス濃度と Henry の法則に従った気液平衡ガス濃度 ($H \cdot C_w$) との差に比例するとした次式を用いる：

$$S_{gw} = -S_{wg} = \theta_g \lambda_H (H \cdot C_w - C_g) \tag{5.20}$$

ここに，S_{gw}: 水相からの揮発速度 (kg m^{-3} s^{-1}), S_{wg}: ガスの溶解速度 (kg m^{-3} s^{-1}), λ_H: 質量輸送係数(ガス発生速度)(s^{-1}) である．

原液の水相への溶解速度は，物質の飽和溶解度とある時点での水相中濃度との差に比例するとした次式で与えられる：

$$S_{wo} = \theta_w \lambda_D (C_{w\,max} - C_w) \tag{5.21}$$

ここに，S_{wo}: 原液の溶解速度 (kg m^{-3} s^{-1}), λ_D: 質量輸送係数(原液溶解速度)(s^{-1}) である．

同様に，原液の気相への揮発速度は，飽和ガス濃度とある時点でのガス濃度との差に比例するとした次式で与える：

$$S_{go} = \theta_g \lambda_V (C_{g\,max} - C_g) \tag{5.22}$$

ここに，S_{wo}: 原液の揮発速度 (kg m^{-3} s^{-1}), λ_V: 質量輸送係数(原液揮発速度)(s^{-1}), $C_{g\,max}$: 飽和ガス濃度 (kg m^{-3}) である．

流体移動の基礎方程式 (5.1)〜(5.3) および物質輸送の基礎方程式 (5.11), (5.12) の発生・消滅項と式 (5.20)〜(5.22) の間には以下のような関係が成り立つ．

$$\begin{aligned}
Q_w &= 0 \\
Q_g &= S_{gw} + S_{go} \\
Q_o &= -S_{wo} - S_{go} \\
S_w &= S_{wg} + S_{wo} \\
S_g &= S_{gw} + S_{go}
\end{aligned} \tag{5.23}$$

ここでは，原液の溶解によって土壌水分の含有率や圧力水頭は変化しないと考

5.2.6 数値計算の方法

3種類の非混合性流体の移動,水相および気相中の物質輸送を数値解析する場合の未知数は,θ_w, θ_g, θ_o, h_w, h_g, h_o, ρ_g, C_w, C_g の9つである.この中で式(5.4)〜(5.6)からθ_w, θ_g, θ_o が,式(5.13)からρ_g が消去できるため,最終的には h_w, h_g, h_o, C_w, C_g の5つの未知数を流体移動の基礎方程式(5.1)〜(5.3),および特性曲線法を適用する場合の物質輸送の基礎方程式(5.11′),(5.12′)から求めればよい.一般的な計算手順を図5.6に示している.計算手順は,土壌ガスおよび原液移動の基礎方程式と土壌ガス輸送の基礎方程式が加わってはいるものの,基本的には第4章の塩水侵入解析と同様の繰り返し計算である.すなわち,流体移動の基礎方程式を有限差分法で解いた後,特性曲線法を適用して物質輸送方程式を解くことになる.そして,得られた未知数(多相流動解析では h_w, h_g, h_o, C_w, C_g の5つ)がすべて収束判定基準を満足するまで繰り返し計算を行う.

5.3 室内カラム実験への適用

5.3.1 実験の概要

室内実験は,地下水中に溶解しているテトラクロロエチレンが不飽和土壌中を鉛直上方に輸送される現象を想定して行われた.ただし,実験にはテトラクロロエチレン水溶液(濃度 28.04 mg L^{-1})を使用し,原液の揮発や溶解は考えないことにした.実験装置として,図5.7のような直径10 cm,高さ40 cm の円筒カラム1本をテトラクロロエチレンガス濃度測定用に,直径5 cm,高さ5 cm の小カラムをつなぎ合わせて40 cm の長さにした円筒カラム3本を体積含水率と水相中のテトラクロロエチレン濃度測定用に使用した.また,直径5 cm,高さ40 cm の円筒カラム1本を地表面からの蒸発量測定用に使用した.なお,蒸発量測定用カラムには塩化ビニール製,濃度測定用にはテフロン製のカラムを使用した.また,実験溶液を入れる水槽にはガラス製のものを使用した.

カラム内には標準砂(相馬砂:間隙率 0.32,平均粒径 0.54 mm)を充填した.

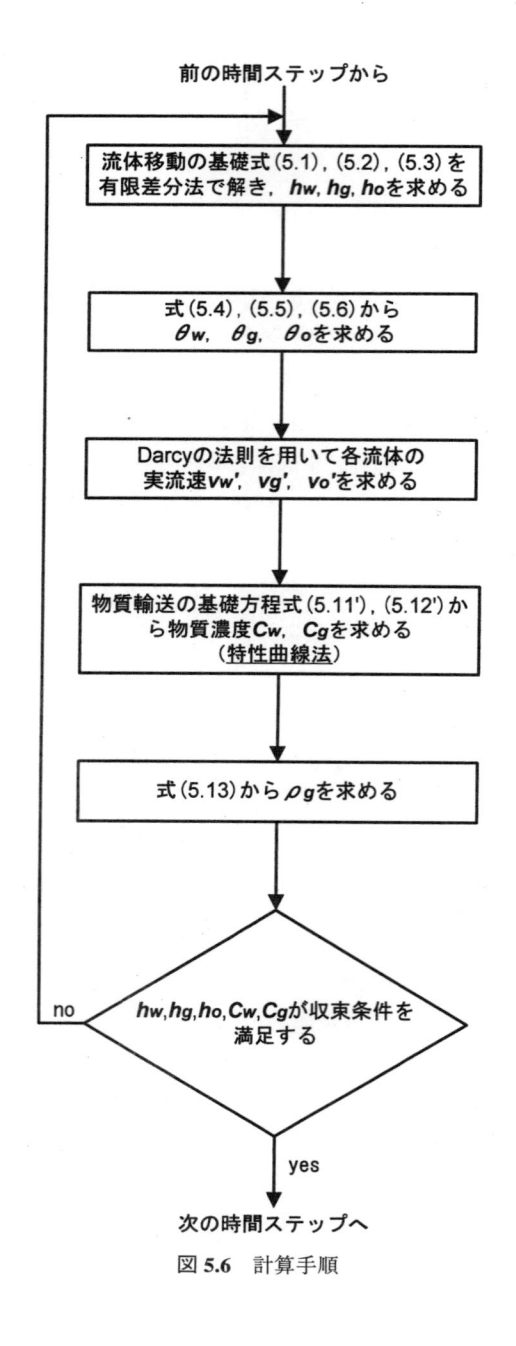

```
                    前の時間ステップから
                              ↓
        ┌─────────────────────────────────────┐
        │ 流体移動の基礎式(5.1),(5.2),(5.3)を │
        │ 有限差分法で解き，$h_w, h_g, h_o$を求める │
        └─────────────────────────────────────┘
                              ↓
        ┌─────────────────────────────────────┐
        │     式(5.4),(5.5),(5.6)から         │
        │     $\theta_w, \theta_g, \theta_o$を求める │
        └─────────────────────────────────────┘
                              ↓
        ┌─────────────────────────────────────┐
        │     Darcyの法則を用いて各流体の     │
        │     実流速$v_w', v_g', v_o'$を求める │
        └─────────────────────────────────────┘
                              ↓
        ┌─────────────────────────────────────┐
        │ 物質輸送の基礎方程式(5.11'),(5.12')か│
        │ ら物質濃度$C_w, C_g$を求める        │
        │         (特性曲線法)                │
        └─────────────────────────────────────┘
                              ↓
        ┌─────────────────────────────────────┐
        │     式(5.13)から$\rho_g$を求める    │
        └─────────────────────────────────────┘
                              ↓
                         ◇ $h_w, h_g, h_o, C_w, C_g$が収束条件を
              no ←──────   満足する
                              ↓ yes
                      次の時間ステップへ
```

図 5.6　計算手順

図 5.7 実験装置の概略図

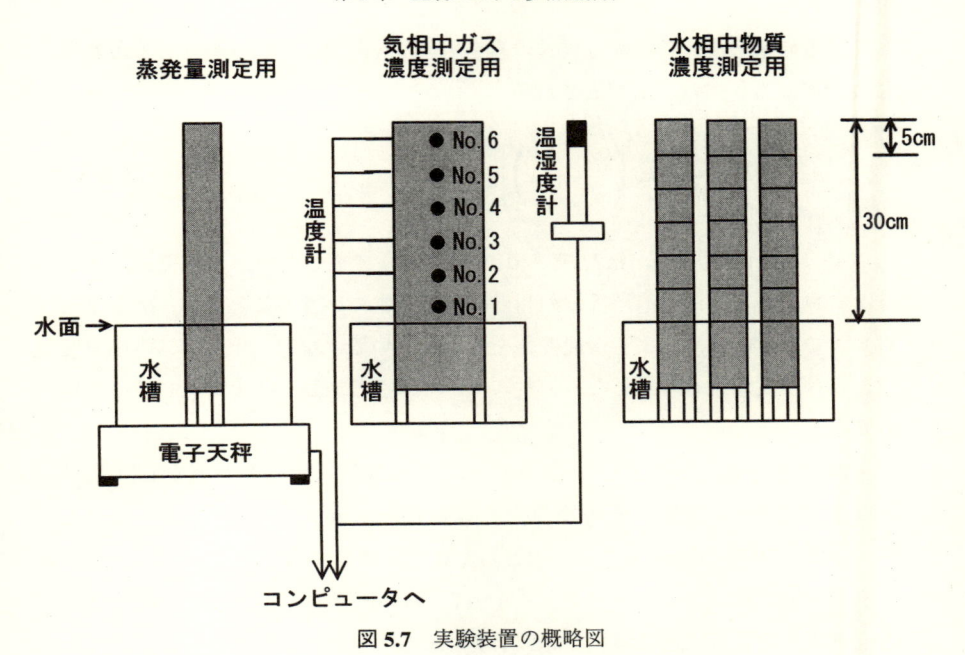

土壌の水分は重力排水し，水分状態が定常になった後，水槽内の水を実験溶液に切り替え，その時点を実験開始時間として，カラム中各点（No. 1〜6）の液相および気相中の物質濃度変化を測定した．

5.3.2 数値解析モデル

今回の室内実験では，原液を使用せずテトラクロロエチレン水溶液を用いている．そこで，数値解析モデルには水相および気相中の物質輸送を考えた 2 相流動モデルを用いる．

一般に揮発性有機塩素化合物は難溶解性で飽和溶解度が低いため［20°C でテトラクロロエチレン：150 mg L^{-1} (0.15 kg m^{-3})］，水相からの揮発によるガスの発生が少なく，ガス濃度は原液が揮発した場合と比べると高くならない．また，大気圧の変動による影響を小さいと仮定すれば，今回のように溶解した状態の揮発性有機塩素化合物が対象の場合には，ガスの発生による混合気体の圧力変化や密度効果による土壌ガスの流れは無視できる．したがって，流体移動に関

しては水の単一流体の基礎方程式のみを用いる．鉛直上方にy軸をとると水分移動の基礎方程式は次式で表される：

$$c_w \frac{\partial h_w}{\partial t} = \frac{\partial}{\partial y}\left[k_w\left(\frac{\partial h_w}{\partial y} + 1\right)\right] \tag{5.24}$$

ここに，c_w: 比水分容量（m^{-1}）であり，式(4.17)で表される．上式では，テトラクロロエチレンは難溶解性で飽和溶解度が非常に小さいことから，テトラクロロエチレンの溶解による密度変化を無視している．なお，土壌ガスの圧力変化および密度効果を考慮したモデルについては参考文献14)を参照していただきたい．

土壌水分特性に関しては，土壌ガス圧が大気圧に等しいと仮定し（$h_g = 0.0$ m），h_wから体積含水率θ_wを算定するvan Genuchtenの式を用いている．これは，式(5.9)において$h_{gw} = -h_w$とおくことに相当する．

水相中の物質輸送に関しては，式(5.11')の移流分散方程式で表される．一方，気相中のガス輸送に関しては，土壌ガスの圧力変化や密度効果によるガスの流れがないと仮定しているため，式(5.12')から移流項を除いた拡散方程式で表される．

・水相中でのテトラクロロエチレン輸送に関する基礎方程式

$$\frac{dC_w}{dt} = \frac{\partial C_w}{\partial t} + \frac{v_w'}{R_w}\frac{\partial C_w}{\partial y} = \frac{1}{\theta_w R_w}\frac{\partial}{\partial y}\left[\theta_w D_w \frac{\partial C_w}{\partial y}\right]$$
$$+ \frac{\theta_g \lambda_H (C_g - H \cdot C_w)}{\theta_w R_w} \tag{5.25}$$

・気相中でのテトラクロロエチレン輸送に関する基礎方程式

$$\frac{dC_g}{dt} = \frac{\partial C_g}{\partial t} = \frac{1}{\theta_g R_g}\frac{\partial}{\partial y}\left[\theta_g D_{Mg}\frac{\partial C_g}{\partial y}\right] + \frac{\theta_g \lambda_H (H \cdot C_w - C_g)}{\theta_g R_g} \tag{5.26}$$

5.3.3 解析条件

図5.8には，実験で用いた土壌(相馬砂)の定常状態における水分特性曲線の

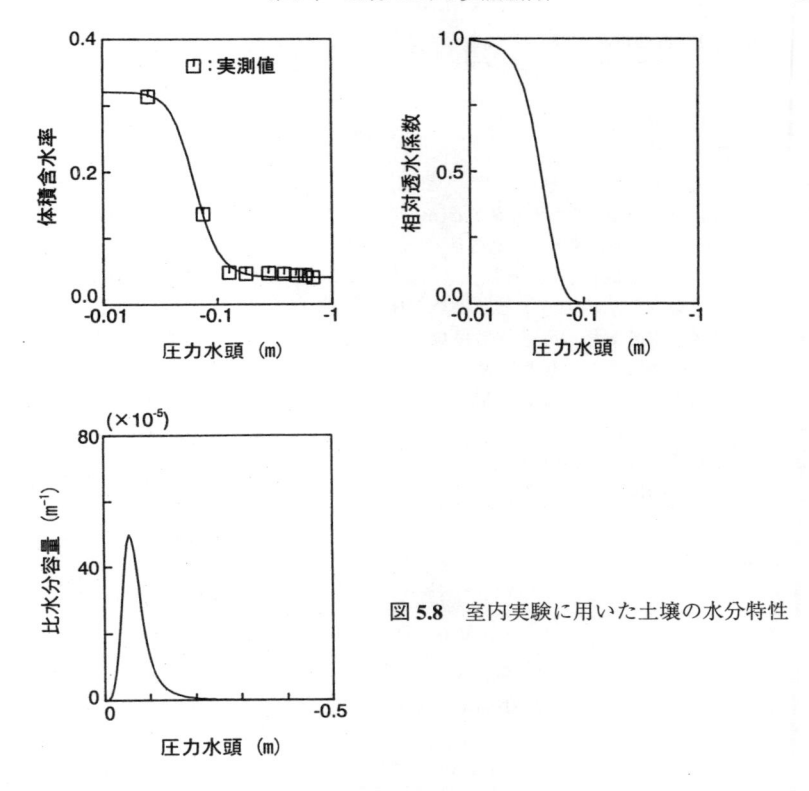

図 5.8 室内実験に用いた土壌の水分特性

実測値を□印で，式 (5.7) による計算値を実線で示している．また，使用した土壌からは有機炭素が検出されなかったため，テトラクロロエチレンの有機炭素への吸着はないものとして遅れ係数を1とした．表5.2に数値解析に用いた諸数値を示している．

境界条件は，上部境界 ($y = 30$ cm) が地表面，下部境界 ($y = 0$ cm) が地下水面となる．表5.3に式 (5.24)〜(5.26) に関する境界条件を示している．実験中には地表面のガス濃度も分析したが，常に定量限界以下であった．これは，実験では全体的にガス濃度が低く，地表面に達したガスは直ちに空気と混合希釈されるためと考えられる．また，水相中にテトラクロロエチレンが存在してもすぐに揮発するため，地表面での水相中濃度も非常に小さいと考えられる．そこで，上部境界条件には水相中およびガス濃度とも 0 mg L^{-1} を与えた．一方，下部境界に関しては，水相中濃度は実験溶液の値を与え，ガス濃度に関しては

表 5.2　数値解析に用いた諸数値

パラメータ	値
飽和透水係数：k_{ws} (m s^{-1})	0.0046
飽和体積含水率：θ_s	0.32
残留体積含水率：θ_r	0.04
van Genuchten パラメータ：α (m^{-1})	0.0017
van Genuchten パラメータ：n	4.55
縦方向の分散長：α_L (m)	2.21×10^{-4}
浸透層内の水相中分子拡散係数：D_{Mw} (m^2 s^{-1})	1.0×10^{-9}
浸透層内の気相中分子拡散係数：D_{Mg} (m^2 s^{-1})	1.0×10^{-5}
水相中物質の遅れ係数：R_w	1.0
気相中物質の遅れ係数：R_g	1.0
ヘンリー定数：H	1.2
差分格子間隔：Δy (m)	0.005
差分時間間隔：Δt (s)	1.0

表 5.3　境界条件

	上部境界条件 ($y = 30.0$ cm)	下部境界条件 ($y = 0.0$ cm)
式 (5.24)	$-k_w(\partial h_w/\partial y + 1) = E$ E: 平均蒸発速度	$h_w = 0.0$ cm
式 (5.25)	$C_w = 0.0$ mg L^{-1}	$C_w = 28.04$ mg L^{-1}
式 (5.26)	$C_g = 0.0$ mg L^{-1}	$D_{Mg} \cdot \partial C_g/\partial y = 0.0$

地下水面で不透過性境界を与えている．

5.3.4　数値計算の方法

計算では，水分移動の基礎方程式 (5.24) から圧力水頭 h_w，水相および気相中での物質輸送方程式 (5.25), (5.26) から物質濃度 C_w, C_g を求める．式 (5.24) の計算には陰形式の有限差分法，式 (5.24), (5.25) の計算には特性曲線法（粒子移動法）を用いる．今回の数値解析では溶解した状態のテトラクロロエチレンを対象としており，ガスの発生による混合気体の圧力変化や密度効果による土壌ガスの流れは無視できるため，流体移動の基礎方程式として必要なのは水分移動の基礎方程式のみになる．これは，水分移動の基礎方程式が液相および気相中の物質輸送の影響を受けない（独立している）ことを意味しており，計算方法

を工夫すれば 5.2.6 で示した繰り返し計算の必要がなくなる．すなわち，鉛直1次元の水分移動の基礎方程式を差分展開すると3項対角行列になるので，この行列の計算に Thomas 法[15]などの解法を用いればよい．なお，特性曲線法に関しては，特別工夫を施す必要はない．

5.3.5 解析結果

揮発性有機塩素化合物の揮発・溶解過程を表す式 (5.20) には，水相-気相間での質量輸送係数としてガス発生速度 λ_H が含まれている．そこで，実験結果をもとに λ_H の感度解析を行った．λ_H の値としては Sleep ら[13]によって示されている $0.1\ \text{day}^{-1}(1.14\times 10^{-6}\ \text{s}^{-1})\sim 0.5\ \text{day}^{-1}(5.79\times 10^{-6}\ \text{s}^{-1})$ に近い $1.0\times 10^{-6}\ \text{s}^{-1}$ (case-1)，$2.0\times 10^{-6}\ \text{s}^{-1}$ (case-2)，および $5.0\times 10^{-6}\ \text{s}^{-1}$ (case-3) の3つの場合を検討した．図 5.9 には，各測定点での計算値(実線)と実測値(□印)を示してい

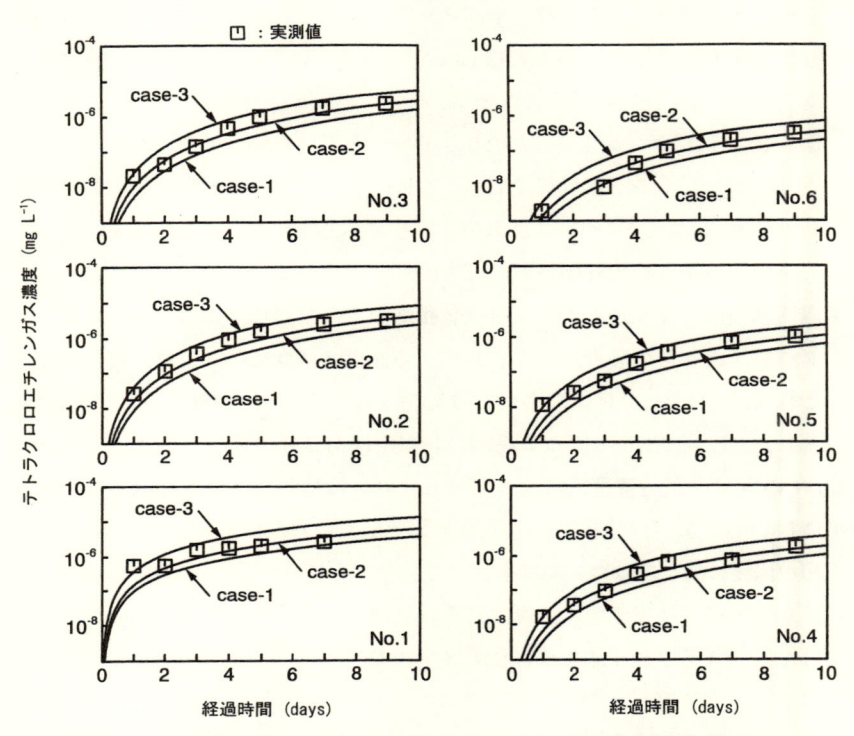

図 5.9 各測定地点におけるテトラクロロエチレンガス濃度の経時変化

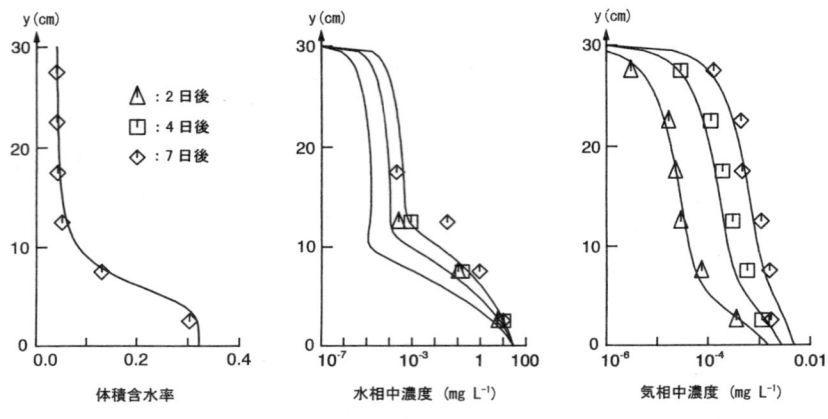

図 5.10　体積含水率，水相中濃度および気相中濃度の鉛直分布

る．実験開始から1日後では，case-3 が実測値と最も良く一致している．しかし，その後は計算値が実測値を上回る傾向にあり，全体として各測定点でのガス濃度の上昇を再現しているのは case-2 である．以上のように λ_H の値としては $2\sim 5\times 10^{-6}$ s^{-1} 程度と考えられる．

図 5.10 には，ガス発生速度に 2.0×10^{-6} s^{-1} を用いた場合の水相および気相中テトラクロロエチレン濃度の2日後，4日後および7日後の実測値の鉛直分布をそれぞれ△，□，◇印で，計算値を実線で示している．なお，水相－気相間での揮発・溶解過程の評価の際にガス濃度と水相中濃度の比較を行うため，ガス濃度は 20°C，1気圧における単位体積あたりの土壌ガスに含まれているテトラクロロエチレンの質量として表している．ガス濃度に関しては，実験開始から2日後，4日後，7日後のすべての実験結果と解析結果が概ね一致している．しかし，7日後の No.1 での実測値と計算値はあまり一致していない．これは No.1 の測定点が毛管帯内に入っており，ガス採取時に水分も採取してしまう可能性があるなど，分析上の誤差の影響が出ているためと考えられる．一方，水相中濃度に関してはガス濃度と比べて必ずしも良い一致は得られていないが，地下水面近傍では実測値，計算値ともにほぼ同じオーダーであることや，上方に行くにつれて水相中濃度が減少していく様子は再現されている．

図 5.11 には，数値解析より算定された2日後，4日後および7日後における水相－気相間での揮発・溶解率の鉛直分布，図 5.12 には各測定点における水

第5章 土壌における多相流解析

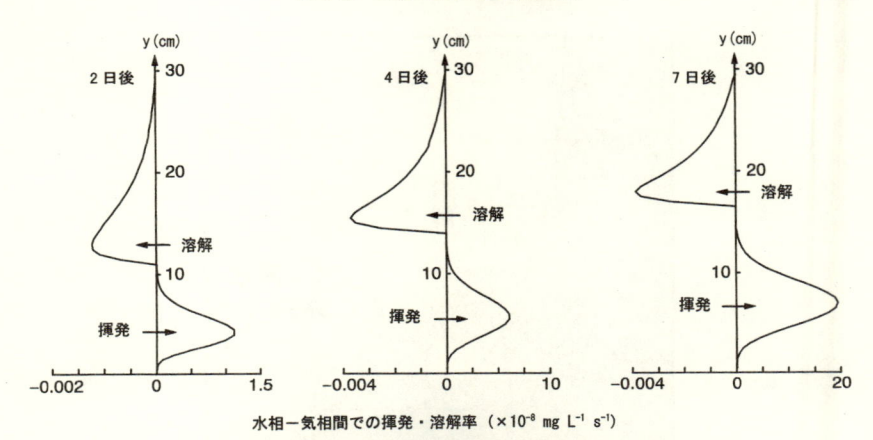

図 5.11 水相−気相間での揮発・溶解率の鉛直分布

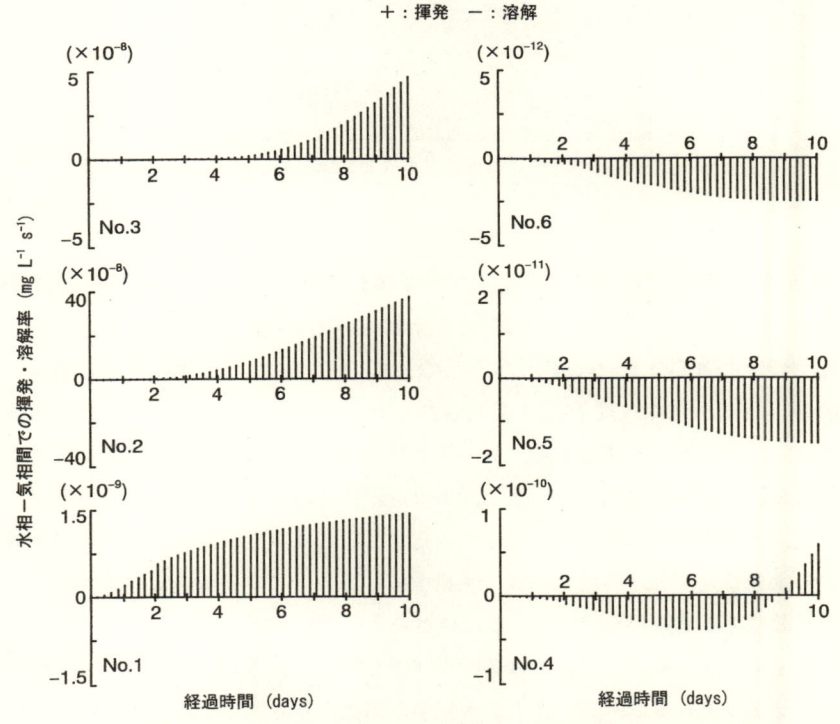

図 5.12 各測定点における水相−気相間での揮発・溶解率の経時変化

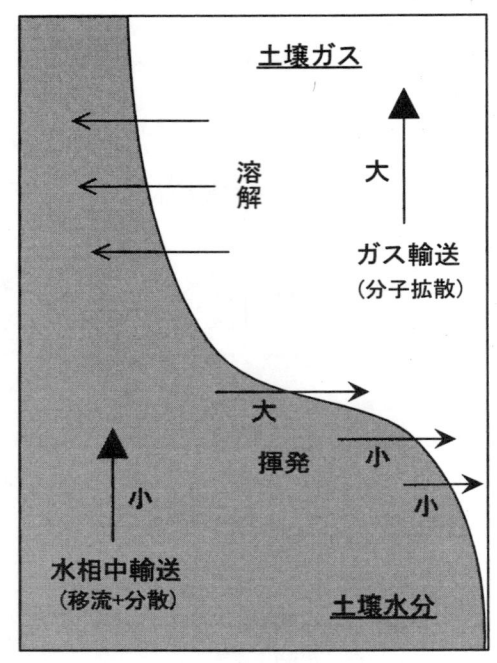

図 5.13 カラム内で生じているテトラクロロエチレンの輸送メカニズム

相-気相間での揮発・溶解率の経時変化を示している．図 5.11 および図 5.12 から，テトラクロロエチレンの揮発は地下水面直上の毛管帯（$y = 0 \sim 3$ cm）よりも毛管帯上面（$y = 3 \sim 9$ cm）で大きくなっている．これは，毛管帯では気相率 θ_g が非常に小さく，式 (5.20) で表されるテトラクロロエチレンの揮発が抑制されるためである．すなわち，テトラクロロエチレンの揮発は地下水面直上よりも毛管帯上面で卓越する．また，カラム全体では，地下水面に近い場所では揮発，上方ではガスの溶解が生じているが，これは本実験のように不飽和土壌中の水分移動が小さい場合には，水相中の移流分散による輸送よりもガスの分子拡散による輸送が卓越しているためと考えられる．図 5.13 にカラム内で生じているテトラクロロエチレン輸送の模式図を示しているが，毛管帯上面で揮発したテトラクロロエチレンガスが水相中の輸送よりも速く上方へ運ばれ，再び水相中に溶解する現象が生じている．また，図 5.11 において時間が経過するに

つれて，揮発する領域がしだいに地下水面より上方へ移動している様子がわかる．カラム内ではガスの輸送が水相中輸送よりも卓越しているために，体積含水率が低い上方では，初めはガスの溶解によって水相中濃度が増加している．しかし，時間が経過するにつれて下方からの移流及び分散による水相中の濃度補給が行われるため，水相中濃度が上昇して実際のガス濃度よりも気液平衡ガス濃度 ($H \cdot C_w$) が大きくなる領域が生じ，テトラクロロエチレンガスの溶解から揮発に転じることになる．このことは図5.12の測定点No.4において，実験開始から9日目あたりを境に溶解から揮発に変化していることからも理解できる．

参考文献

1) 平田健正編著：『土壌・地下水汚染と対策』，(社)日本環境測定分析協会，p. 304, 1996.
2) 鷲見栄一：河川からの浸透による有機塩素化合物の地下水汚染について，地下水・土壌汚染とその防止対策に関する研究集会・第3回講演集，pp. 45–50, 1994.
3) 中杉修身・足立教好・川村和彦：揮発性有機塩素化合物による表層土壌汚染調査，地下水・土壌汚染とその防止対策に関する研究集会・第4回講演集，pp. 289–294, 1995.
4) 中牟田啓子・小林登茂子・松原英隆・宮原正太郎：福岡市における有機塩素化合物による地下水汚染について，環境化学，Vol. 3, No. 4, pp. 717–727, 1993.
5) 平田健正・江種伸之・中杉修身・石坂信也：土壌ガス吸引と地下水揚水を併用した地下環境汚染の修復，環境工学研究論文集，Vol. 33, pp. 47–55, 1996.
6) 江種伸之・平田健正・福浦　清・松下　孝：地下水中に注入された空気の移動特性および汚染物質の濃度変化について，水工学論文集，Vol. 42, pp. 349–354, 1998.
7) 江種伸之・神野健二・鷲見栄一：ガス拡散を考慮した有機塩素化合物の不飽和–飽和領域における輸送特性解析，土木学会論文集，第503巻II-29, pp. 167–176, 1994.
8) van Genuchten: A closed-form equation for predicting the hydraulic conductivity of unsaturated soils, *Soil Science Society of America Journal*, Vol. 44, pp. 893–898, 1980.
9) Parker, J. C., Jenhard, R. J. and Kuppusamy, T.: A parametric model for constitutive properties governing multiphase flow in porous media, *Water Resources Research*, Vol. 23, No. 4, pp. 618–624, 1987.
10) Karickhoff, S. W.: Semi-empirical estimation of sorption of hydrophobic pollutants on soils and sediments, *Chemosphere*, Vol. 10, pp. 833–846, 1981.
11) 森澤眞輔：有機ハロゲン物質の土壌との吸脱着について，水質汚濁研究，Vol. 8, No. 5, pp. 282–288, 1985.
12) Baehr, A. L.: A compositional multiphase model for groundwater contamination by pe-

troleum products. 2. Numerical solution, *Water Resources Research*, Vol. 23, No. 1, pp. 201–213, 1987.
13) Sleep, B. E. and Sykes, J. F.: Modeling the transport of volatile organics in variably saturated media, *Water Resources Research*, Vol. 25, No. 1, pp. 81–92, 1989.
14) 江種伸之・神野健二：土壌ガス吸引時における有機塩素化合物ガスの挙動について，地下水学会誌，Vol. 37, No. 4, pp. 245–254, 1995.
15) 杉江日出澄・岡崎明彦・岩堀祐之・小栗宏次：『FORTRAN 77 と数値計算法』，培風館，p. 182, 1995.

Appendix

・気相中の物質輸送方程式への特性曲線法を適用

ガス態物質の固相表面への吸着を考えると，式 (5.12) から以下の 2 式を得る：

$$\frac{\partial(\theta_g C_g)}{\partial t} + \frac{\partial(v_g C_g)}{\partial y} = L[C_g] + S_g{'} - S_{ad} \tag{A.1}$$

$$\frac{\partial[(1-n)\rho_s K_g C_g]}{\partial t} = S_{ad} \tag{A.2}$$

式 (A.2) を式 (A.1) に代入して以下のように変形する．

$$\frac{\partial\{[\theta_g + (1-n)\rho_s K_g]C_g\}}{\partial t} + \frac{\partial(v_g C_g)}{\partial y} = L[C_g] + S_g{'}$$

$$(1-n)\rho_s K_g \frac{\partial C_g}{\partial t} + \theta_g \frac{\partial C_g}{\partial t} + C_g \frac{\partial \theta_g}{\partial t} + v_g \frac{\partial C_g}{\partial y} + C_g \frac{\partial v_g}{\partial y} = L[C_g] + S_g{'}$$

$$\theta_g \left(1 + \frac{1-n}{\theta_g}\rho_s K_g\right)\frac{\partial C_g}{\partial t} + v_g \frac{\partial C_g}{\partial y} + C_g\left(\frac{\partial \theta_g}{\partial t} + \frac{\partial v_g}{\partial y}\right) = L[C_g] + S_g{'}$$

ガス態物質の固相表面への吸着を表す遅れ係数を R_g とすると，

$$\theta_g R_g \frac{\partial C_g}{\partial t} + v_g \frac{\partial C_g}{\partial y} + C_g\left(\frac{\partial \theta_g}{\partial t} + \frac{\partial v_g}{\partial y}\right) = L[C_g] + S_g{'} \tag{A.3}$$

が得られる．一方，気相では式 (5.2) のように，土壌ガスの密度が時間的に変

化する連続方程式を用いる．そこで，式 (5.2) を以下のように変形する：

$$\rho_g \frac{\partial \theta_g}{\partial t} + \theta_g \frac{\partial \rho_g}{\partial t} + \rho_g \frac{\partial v_g}{\partial y} + v_g \frac{\partial \rho_g}{\partial y} = Q_g$$

$$\frac{\partial \theta_g}{\partial t} + \frac{\partial v_g}{\partial y} = \frac{1}{\rho_g} \left(Q_g - \theta_g \frac{\partial \rho_g}{\partial t} - v_g \frac{\partial \rho_g}{\partial y} \right) \tag{A.4}$$

式 (A.4) を式 (A.3) に代入して次式を得る．

$$\theta_g R_g \frac{\partial C_g}{\partial t} + v_g \frac{\partial C_g}{\partial y} = L[C_g] + S_g - \frac{C_g}{\rho_g} \left(Q_g - \theta_g \frac{\partial \rho_g}{\partial t} - v_g \frac{\partial \rho_g}{\partial y} \right) \tag{A.5}$$

ここで，混合ガス密度と有機化合物ガス濃度の関係式 (5.13) を用いて右辺第 3 項を変形すると，

$$\frac{C_g}{\rho_g} \left(Q_g - \theta_g \frac{\partial \rho_g}{\partial t} - v_g \frac{\partial \rho_g}{\partial y} \right)$$

$$= \frac{C_g Q_g}{\rho_g} - \frac{C_g \theta_g}{\rho_g} \left(1 - \frac{\rho_a}{\rho_v} \right) \left(\frac{\partial C_g}{\partial t} + v_g' \frac{\partial C_g}{\partial y} \right)$$

となる．したがって，式 (A.5) は以下のように変形される．

$$\theta_g R_g \frac{\partial C_g}{\partial t} + v_g \frac{\partial C_g}{\partial y}$$

$$= L[C_g] + S_g - \frac{C_g Q_g}{\rho_g} + \frac{C_g \theta_g}{\rho_g} \left(1 - \frac{\rho_a}{\rho_v} \right) \left(\frac{\partial C_g}{\partial t} + v_g' \frac{\partial C_g}{\partial y} \right)$$

最終的に，

$$\theta_g \left[R_g - \frac{C_g}{\rho_g} \left(1 - \frac{\rho_a}{\rho_v} \right) \right] \frac{\partial C_g}{\partial t} + \theta_g \left[1 - \frac{C_g}{\rho_g} \left(1 - \frac{\rho_a}{\rho_v} \right) \right] v_g' \frac{\partial C_g}{\partial y}$$

$$= L[C_g] + S_g - \frac{C_g Q_g}{\rho_g}$$

$$F_{1g} = \left[R_g - \frac{C_g}{\rho_g} \left(1 - \frac{\rho_a}{\rho_v} \right) \right]$$

$$F_{2g} = \left[1 - \frac{C_g}{\rho_g} \left(1 - \frac{\rho_a}{\rho_v} \right) \right]$$

と置くと, 式 (5.12′) が得られる.

$$\frac{dC_g}{dt} = \frac{\partial C_g}{\partial t} + \frac{F_{2g} v_g'}{F_{1g}} \frac{\partial C_g}{\partial y} = \frac{1}{\theta_g F_{1g}} \frac{\partial}{\partial y} \left[\theta_g D_g \frac{\partial C_g}{\partial y} \right]$$

$$+ \frac{1}{\theta_g F_{1g}} \left(S_g - \frac{C_g Q_g}{\rho_g} \right)$$

第6章 土壌中の水理化学的物質輸送解析

6.1 化学反応系の物質輸送特性

　近年の農耕地域における地下環境汚染に関し，肥料，農薬等の汚染物質は，土壌や地下水中における種々の鉱物，腐植物質などの影響の下で，多様な化学的作用を受ける[1]．なかでも飲料水源として地下水への依存度の高い農耕地域では，水質管理の観点からこれらの物質が地下環境へどのような化学的プロセスを経て輸送されるかについての検討が必要となる．

　農耕地に施肥される肥料の主要構成成分は窒素，リン，カリウム，カルシウム，マグネシウムなどであり，これら各成分が水の浸透に伴って土壌表面から地下に移動する過程はそれぞれ異なる．畑地に施肥される窒素の形態は主にアンモニア態窒素，硝酸態窒素であるが，アンモニア態窒素はそのほとんどが硝化されて硝酸態窒素に変わり土壌にほとんど吸着されることなく移動する．一方，リン酸は土壌に強く保持されるため地下水水質に大きな影響を及ぼさない[2]．

　肥料に含まれている成分で水道水基準値が設けられている硝酸態窒素に関しては，アメリカやヨーロッパにおいてもその濃度は高く，世界各地で地下水利用が危ぶまれている[3]．このため，硝酸態窒素の挙動や輸送を解析した研究が多く報告され，かなりの成果が得られている[4)-6)]．一方，硝酸態窒素以外の物質の輸送解析については，地下水水文学や地球化学等の広い分野で行われているが[7),8)]，多くの場合，化学的作用の中でも吸着に関して吸着等温式を利用する場合[9)]などに限られている．

　ところで，カリウム，カルシウム，マグネシウムなどの陽イオンは，農作物

にとって必須の栄養であり，そのうちカルシウム，マグネシウムは農作物の栽培に適した土壌を維持するためにも散布される．この場合，土壌中に含まれる粘土鉱物や腐植などの表面は，通常，負の荷電が卓越しているため静電的な力によって陽イオンが土壌に吸着されやすくなり，前述の陽イオンの吸着量は土壌がもつ負荷電の量，すなわち陽イオン交換容量に支配される．また，静電的な力によって陽イオンが吸着されているとき，そこに他の陽イオンが現れると吸着されていた陽イオンが表面から離脱し，新しく現れた陽イオンがそれに換わって吸着される陽イオン交換反応が起こる[10]．このように，陽イオンの挙動は土壌のもつ陽イオン交換容量の大小や，陽イオン交換における陽イオン間の選択性(選択係数)によって支配されるため，塩類の土壌中移動(塩類の溶脱・塩類の集積)を評価する際には，これらをどのように取り扱うかが重要となる．

一方，農耕地で施肥される肥料中には，陽イオンのみならず陰イオン(例えば，リン酸イオン，硝酸イオン，塩化物イオン，硫酸イオン)も含まれる．陰イオンのうちリン酸イオンは層状ケイ酸塩鉱物や酸化物鉱物表面の水酸基に化学的に結合して不動化する傾向が強く，地下水水質への影響は無視できる[2]．硝酸イオン，塩化物イオン，硫酸イオンも pH が低い場合にはリン酸イオンと同じ吸着部位へ吸着されるが，その程度ははるかに小さい．特に塩化物イオンと硝酸イオンは比較的吸着性の高い硫酸イオンとの共存下では，土壌の種類を問わず実質的に吸着されず，非吸着性の溶質として取り扱うことができる[11]．硫酸イオンは，火山灰由来の比較的新しい土壌には，リン酸イオンにはおよばないものの相当強く吸着されることが知られている．火山灰由来の農耕地土壌での測定結果によれば，土壌中の硫酸イオンの 50〜90% が吸着態である．ところが，非火山灰性土壌では硫酸イオン吸着能は火山灰由来の土壌と比較してはるかに低い[11],[12]．

従来，地下環境中における化学反応を伴う物質輸送モデルの開発に必要な化学種の空間的変化を決定する種々の化学的要因が不足しており，正確なモデルを構築することは困難であった．そのため比較的単純化された実験やそれに対するモデルシミュレーションが数多く行われてきた[8],[13],[14]．例えば，均質な土壌を用いたカルシウムとナトリウムの 2 成分化学種間の化学反応過程を組み入れた物質輸送現象が解析されている．しかしながら，現実の土壌環境という不

均質な場においては，土壌中の化学反応に影響を及ぼす要因の空間的変化や多成分の陽イオン間の選択性を考慮する必要がある．

本章では，まず，地下環境中における陰イオンの輸送の例として，硫酸イオンに対し遅れ係数を用いた物質輸送解析を解説する．次に複数の陽イオンについては，化学的な相互作用を考慮した物質輸送解析のための数値モデル，すなわち移流分散と化学反応の2つの過程を同時に満足する数値モデルを解説する．また，酸化的条件下でのカラム実験結果と比較し，特性曲線法による数値モデルの妥当性について述べる．

6.2 陰イオン系の解析

6.2.1 実　験

現実に起こる水の浸透過程をより忠実に再現するために不攪乱土壌を用いてカラム実験を行った．不攪乱土壌は火山灰の影響のない福岡市西部に位置する畑地で採取した．以下にはその採取手順を示す[15]．

畑地の一部を深さ約 1 m，直径が 80 mm の円形土柱塊になるように掘り，塩化ビニール製の円筒(長さ 5 cm ごとに切断し，それらをビニールテープでつなぎ長さ 55 cm にしたもので，内径は 75 mm)に挿入できるように整形し，土柱上部から徐々に差し込む．土柱と円筒間の隙間を埋めるため，円筒上部から溶かしたパラフィンを流し込み固化させた．この方法で陰イオン系のカラム実験用として，長さ 55 cm のカラムを採取した．また，後述する陽イオン交換反応系のカラム実験用として，長さ 60 cm のカラムを採取した．

実験装置を図 6.1 に示す．実験ではカラムの上部 2 セグメント (10 cm) と底部 1 セグメント (5 cm) を切り離して除き，カラム全長を 40 cm (8 セグメント)とした．次にカラム上面から精製水を約 45 mL h^{-1} の流量で滴下させ，カラム底部からの流出流量が一定になるまで続ける．その後，KCl, KNO_3, K_2SO_4 の混合溶液 (KCl–Cl 濃度で約 10 meq L^{-1}，KNO_3–N 濃度で約 20 meq L^{-1}，K_2SO_4–SO_4 濃度で約 10 meq L^{-1})を精製水と同じ流量でカラムに 10 時間継続して滴下させた．滴下時間(10 時間)が経過した後，カラムを 8 つのセグメントに分割解体し，各セグメントの土壌・土壌水の化学分析および含水比測定を行った．な

図 6.1 実験装置

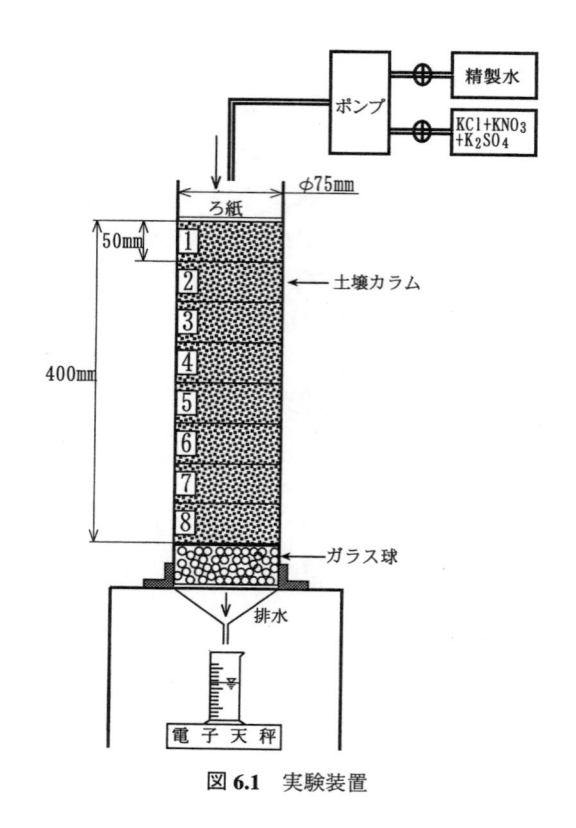

お,カラム解体時での目視観察によるカラムセグメント内の土壌は,上部のマサ土主体で有機物を多く含んでいる畑地作土と下部のマサ土が主体の土壌の2種類であった.

6.2.2 分析方法

各セグメントの土壌の一部(150 g 程度)を用いて,遠心分離によりマトリックポテンシャルが -0.31 MPa 以上の土壌間隙水を抽出した.塩化物イオン,硝酸イオン,硫酸イオン濃度はイオンクロマトグラフィーで測定した.

6.2.3 解 析

一般に土壌中における陰イオン交換容量は,陽イオン交換容量に比べ著しく

小さい．土壌表面に吸着する陰イオンの順位について以下の事実が実験によって確認されている[2]．

$$PO_4^{3-} \gg SO_4^{2-} > NO_3^- \fallingdotseq Cl^-$$

PO_4^{3-}, SO_4^{2-}, NO_3^-, Cl^- は通常，肥料に含まれている成分である．ここで対象とした農地での施肥調査結果からも PO_4^{3-}, SO_4^{2-}, NO_3^- が肥料に含まれている．したがって，陰イオンの輸送を考える上で，土壌表面で吸着し輸送に遅れが生じる物質を考慮した輸送モデルが必要となる．なお，PO_4^{3-} は土壌に強く保持され，地下水水質に影響を及ぼさないので，ここでの陰イオンの輸送モデルの対象物質から外している．

さて，遅れ係数を考慮した鉛直1次元(ここでは x 軸)の液相中における物質輸送に関する基礎式は次式で表される．

$$\left\{1 + \frac{(1-n)\rho_s K_d}{\theta}\right\}\frac{\partial C}{\partial t} + u'\frac{\partial C}{\partial x} = \frac{\partial}{\partial x}\left(D\frac{\partial C}{\partial x}\right) \tag{6.1}$$

ここに，ρ_s: 土壌の真密度 (Mg m^{-3})，ρ_b: 乾燥密度 ($\rho_b = (1-n)\rho_s$) (Mg m^{-3})，n: 間隙率 (m^3 m^{-3})，θ: 体積含水率 (m^3 m^{-3})，K_d: 分配係数 (m^3 Mg^{-1})，C: 液相中の物質の濃度 (kg m^{-3})，u': 実流速 (m s^{-1})，D: 流速依存型分散係数 (m^2 s^{-1}) である．

次に，物質輸送に及ぼす吸着の影響の評価には，次式を用いる．

$$R_d = 1 + \frac{(1-n)\rho_s K_d}{\theta} \tag{6.2}$$

ここに，R_d: 液相中の物質の遅れ係数 (–) である．上式の体積含水率 θ には，実験終了後に測定したカラムセグメント内の含水比と乾燥密度を用いて体積含水率に換算した値 ($\theta \fallingdotseq 0.51$ m^3 m^{-3}) を用いる．輸送に遅れが生じる物質の解析では，式 (6.1) を用いて行う．以上より，特性曲線法では次式を用いる．

$$\frac{dC}{dt} = \frac{1}{R_d}\frac{\partial}{\partial x}\left(D\frac{\partial C}{\partial x}\right) \tag{6.3}$$

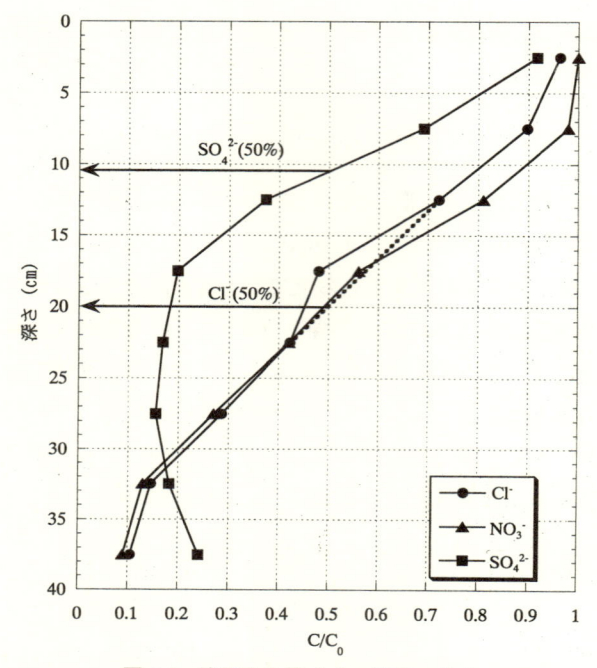

図 **6.2** 液相中の陰イオン濃度の分布

なお，上式において特性曲線法で用いる溶質移動速度は u'/R_d となる．

図 6.2 に，KCl, KNO₃, K₂SO₄ の混合溶液をカラムに継続して 10 時間滴下させたカラム液相中の陰イオン濃度分布を示す．図より塩化物イオンの濃度分布と硫酸イオンのそれとは異なっている．一般に塩化物イオンは土壌吸着などに対し不活性な陰イオンであり，その輸送は水そのものの浸透過程と同じである．したがって，塩化物イオン濃度の分布は輸送の基準として考えることができる．硝酸イオン濃度の分布に着目すると，塩化物イオン濃度の分布と同様な濃度分布を示している．すなわち，本実験では，硝酸イオンは土壌に吸着されずに輸送されている．一方，硫酸イオンの濃度分布は，塩化物イオンの濃度分布に比べ，輸送に遅れが生じている．なお，硝酸イオンは土壌が還元的な状態であれば脱窒などを生じ，濃度が減少すると考えられるが，実験に用いた土壌は酸化的環境にある畑地土壌であるためこの影響は無視できる．

遅れ係数 R_d の算出を，カラム実験の結果に基づいて以下のように行った．塩化物イオンと硫酸イオンの 50% 濃度位置は，図 6.2 より，塩化物イオンでは Cl (50%) = 19.8 cm，硫酸イオンでは SO_4 (50%) = 10.5 cm である．これらの値から硫酸イオンの遅れ係数を算出すれば R_d = Cl (50%)/SO_4 (50%) ≒ 1.9 を得る．この遅れ係数と乾燥密度 ρ_b の値を用いれば，上部の畑地作土と下部のマサ土の分配係数 K_d は，式 (6.2) よりそれぞれ K_d = 0.18，および 0.24 $m^3 Mg^{-1}$ となる．ここではこの値を用いて数値計算を行う．しかし本来，式 (6.2) の分配係数はバッチ式実験で対象物質（硫酸イオン）の固相と液相の分配が速くかつ可逆的であり，さらに等温式が線形である場合に定義されるので[16]，ここで算定した分配係数は，必ずしも通常のバッチ試験で評価される分配係数とは同一でないことを断わっておく．

6.2.4　縦方向分散長

縦方向分散長 α_L は以下のように算出した．まず実験終了後に測定したカラム内セグメントの含水比を体積含水率に換算した．次に断面平均流速（2.9 × 10^{-4} cm s^{-1}）をその体積含水率で除して得られた実流速を用いて，カラム内の塩化物イオン濃度の測定値と計算値の差の 2 乗和が最小となるような α_L を求めた．この結果，縦方向分散長として α_L = 5.5 cm を得た．なお，この値は不撹乱土壌中に無数に存在する根の痕跡が主な流路となっていることに対応して，均質土の α_L よりも大きな値となっている．

6.2.5　結果および輸送特性

図 6.3 に遅れ係数 R_d = 1.9 を用いて硫酸イオンの輸送計算を行った結果を示す．この図より，カラム実験の塩化物イオンおよび硫酸イオン濃度の空間分布を比較して求めた遅れ係数を用いることにより，硫酸イオンの空間分布を概ね再現することができる．

本実験において，硫酸イオンは塩化物イオンおよび硝酸イオンと比較して輸送に有意な遅れが認められた．この結果は，土壌中の溶質輸送がごくわずかな吸着により大きく影響されることを示している．以上のように，遅れ係数を導入した物質輸送モデルを用いて硫酸イオンの輸送計算を行った結果，実験で観

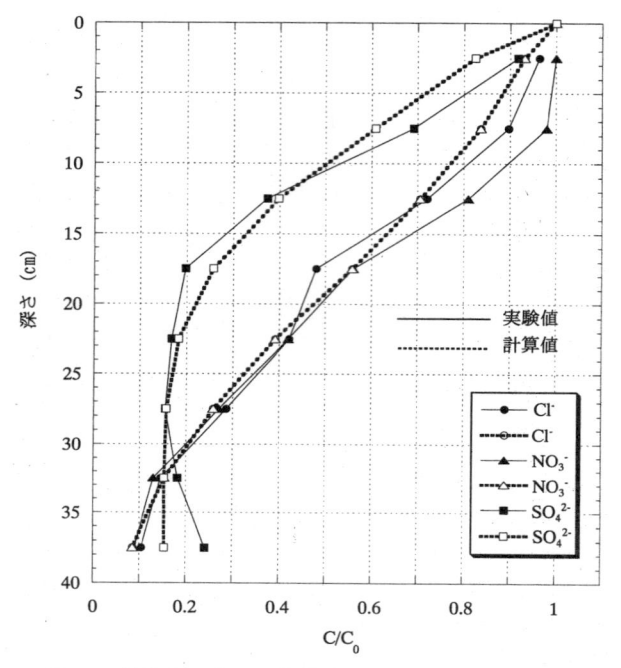

図 6.3 液相中の陰イオン濃度の計算値と実測値の比較

測された硫酸イオンの輸送の遅れをほぼ定量的に説明することができる．

6.3 陽イオン交換反応系の解析

6.3.1 陽イオン交換反応の基礎式

ここでは，地下環境中での固相上に吸着している Ca^{2+}, Mg^{2+}, Na^+, K^+ と，液相中の陽イオンとの交換反応について，物質輸送解析を前提に解説する．たとえば，Ca^{2+} 濃度が液相中で増加した場合に，以前から固相に吸着していた Na^+ が固相から脱着し溶液中の Ca^{2+} と交換する反応は次式で表される．

$$Ca^{2+} + 2NaX = 2Na^+ + CaX_2 \tag{6.4}$$

ここに，X は固相を表す．陽イオン交換反応は，短時間で化学平衡に達する反応であり，反応速度論的な取り扱いは不要である．したがってこの反応では質

量作用の法則により，次の関係が成立する．

$$K_{\text{Ca/Na}} = \frac{x_{\text{Ca}}}{a_{\text{Ca}}} \left(\frac{a_{\text{Na}}}{x_{\text{Na}}} \right)^2 \tag{6.5}$$

ここに，$a_{\text{Ca}}, a_{\text{Na}}$: Ca^{2+}, Na^+ の活量，および $x_{\text{Ca}}, x_{\text{Na}}$: 固相上の交換性陽イオン Ca^{2+}, Na^+ の当量分率である．同様に Ca^{2+} と K^+，および Ca^{2+} と Mg^{2+} の交換に対する質量作用の法則は，

$$K_{\text{Ca/K}} = \frac{x_{\text{Ca}}}{a_{\text{Ca}}} \left(\frac{a_{\text{K}}}{x_{\text{K}}} \right)^2 \tag{6.6}$$

$$K_{\text{Ca/Mg}} = \frac{x_{\text{Ca}}}{a_{\text{Ca}}} \frac{a_{\text{Mg}}}{x_{\text{Mg}}} \tag{6.7}$$

となる．式 (6.5)～(6.7) の左辺の $K_{\text{Ca/Na}}, K_{\text{Ca/K}}, K_{\text{Ca/Mg}}$ は，Gaines-Thomas の選択係数とよばれている[2]．選択係数の与え方には，モル分率を用いた Vanselow の選択係数もあるが，両者はいずれも等価であり，互いに換算可能である．

式 (6.5)～(6.7) の変数について補足する．表記の簡略化のため，添字 $i = 1, 2, 3, 4$ は，それぞれ Ca^{2+}, Mg^{2+}, Na^+, K^+ を表す．このとき，単位質量の固相に吸着している濃度を $\overline{m}_i$ とすると，当量分率 x_i は次式で表される．

$$x_i = \frac{z_i \overline{m}_i}{\sum_{n=1}^{M} z_n \overline{m}_n} \tag{6.8}$$

ここに M: 固相上の陽イオン種の総数(本例では $M = 4$)，および z_i: イオン i の電荷である．固相に関与する変数には上付きバーを付ける．式 (6.8) の分母は固相上に吸着している交換性陽イオンの総和，すなわち陽イオン交換容量 CEC (cation exchange capacity, CEC) を表し，

$$CEC = \sum_{n=1}^{M} z_n \overline{m}_n \tag{6.9}$$

となる．次に，イオン強度を I とすると，

$$I = \frac{1}{2} \sum_{i=1}^{N} C_i z_i^2 \tag{6.10}$$

となる．ここに，C_i: イオンiの濃度，およびN: 液相中のイオン種の総数である．イオン強度Iを用いると，活量係数γ_iは，中程度のイオン強度まで適用可能なDaviesの式では，

$$\log \gamma_i = -A z_i^2 \left(\frac{\sqrt{I}}{1+\sqrt{I}} - 0.3I \right) \tag{6.11}$$

により与えられる．ここにAは，Debye-Hückelのパラメータである[2]．したがって，式(6.5)〜(6.7)に表れるイオンiの活量a_iは，活量係数γ_iと濃度C_iの積，すなわち，

$$a_i = \gamma_i C_i \tag{6.12}$$

により算定される．活量係数γ_iは，イオンiの溶液中での理想的な活動($\gamma_i = 1$)からのずれを表す尺度である[17]．活量係数γ_iの推定方法には，その他に種々提案されており，適用に際しては解析対象に応じた式を選定することが必要である[18,19),20]．

さて，式(6.9)より，固相上に吸着している陽イオンの総量は陽イオン交換容量CECに等しく，この関係を式(6.8)の当量分率で表すと次の関係を得る．

$$x_{Ca} + x_{Mg} + x_{Na} + x_{K} = 1 \tag{6.13}$$

式(6.4)に示した固相と液相間での陽イオン交換反応は，式(6.5)〜(6.7)および式(6.13)の4つの式が，求めようとする空間座標xにおいて満足されていることである．

いま，液相中の濃度C_iと選択係数$K_{Ca/Na}$, $K_{Ca/K}$, $K_{Ca/Mg}$が既知の場合を考えよう．このとき，式(6.10)よりイオン強度Iが算定され，Daviesの式(6.11)より活量係数γ_iを得る．式(6.12)より液相中のイオンの活量a_iが求められる．ここで，未知数は固相の当量分率4種であり，満足すべき式は式(6.5)〜(6.7)および式(6.13)の4つであることから，当量分率の解を得ることができる[13]．このように，化学平衡の計算そのものは，化学的な現象を数学的に表すことで，

その解を求めることができる．

6.3.2 移流分散と化学反応との結合

化学反応を考慮した物質輸送の基礎式は，各イオン i に対して次のように表せる．

$$\frac{\partial C_i}{\partial t} + u' \frac{\partial C_i}{\partial x} - \frac{\partial}{\partial x}\left(D \frac{\partial C_i}{\partial x}\right) = S_i \tag{6.14}$$

ここに，右辺の化学反応項 S_i は形式上は吸い込み・湧き出し項となっているが，その内訳は複数のイオン間での化学反応の寄与を含んでいる．特性曲線法の適用では，

$$\frac{dC_i}{dt} = \frac{\partial}{\partial x}\left(D \frac{\partial C_i}{\partial x}\right) + S_i \tag{6.15}$$

となる．

いま，固相に吸着されている濃度を単位体積当たりの濃度で表し，これを固相上濃度 $\bar{C}_i$ とする．前述の固相上の吸着量 $\bar{m}_i$ と固相上濃度 $\bar{C}_i$ とは，用いる単位が $\bar{m}_i$ (mol Mg^{-1}) と $\bar{C}_i$ (mol m^{-3}) のとき，次の関係にある．

$$\bar{C}_i = \frac{\rho_b}{n} \bar{m}_i \tag{6.16}$$

ここに，ρ_b: 乾燥密度 (Mg m^{-3}) である．このとき陽イオン交換反応により変化する固相上濃度 $\bar{C}_i$ の保存式は次式で表される．

$$\frac{\partial \bar{C}_i}{\partial t} = \bar{S}_i \tag{6.17}$$

式 (6.15), (6.17) の右辺の吸・脱着に基づく変化量 S_i と $\bar{S}_i$ には次の関係が成り立つ．

$$\bar{S}_i = -S_i \tag{6.18}$$

地下環境中における化学反応系の物質輸送は，移流と分散に基づく物理的な輸送過程と化学反応に基づく物質量の変化が同時に生じている．以下では，物理的な輸送過程と化学反応とを同時に満足する濃度を求めるための解析法[21),22)]の一例について述べる．

ここでは，4種の液相中陽イオン濃度と，陰イオンとして塩化物イオン濃度，および4種の固相上陽イオン濃度，合計9種のイオン濃度を数値計算により求める場合を想定する．まず，式 (6.15) の右辺の未定の化学反応項 S_i を仮定する．次に，この仮定値 S_i のもとで，特性曲線法を適用して得られる式 (6.15) の液相中濃度 C_i と，式 (6.17) の差分計算より得られる固相上濃度 $\bar{C}_i$ を，活量と当量分率に換算し，これらの値を式 (6.5)〜(6.7) の右辺に代入する．このとき右辺を計算して得られる値は，仮の値であり，この値を $K^*_{Ca/Na}$, $K^*_{Ca/K}$, $K^*_{Ca/Mg}$ とする．また，仮定値 $\bar{S}_i (=-S_i)$ のもとで求めた当量分率 x^*_i を式 (6.13) の左辺に代入して得られる総和も，必ずしも1になるとは限らない．そこで，次に示す4つの残差 f_1, f_2, f_3, f_4 を導入する．なお，残差 f_1, f_2, f_3 中の選択係数の値が小さく，桁落ちによる誤差が生じることがあるので，次式のように対数で評価している．

$$f_1 = w_1 \{\log(K^*_{Ca/Mg}) - \log(K_{Ca/Mg})\}$$
$$f_2 = w_2 \{\log(K^*_{Ca/Na}) - \log(K_{Ca/Na})\} \qquad (6.19)$$
$$f_3 = w_3 \{\log(K^*_{Ca/K}) - \log(K_{Ca/K})\}$$
$$f_4 = w_4 \left(1 - \sum_{i=1}^{4} x^*_i\right)$$

上式において，w_1, w_2, w_3, w_4 は重み係数，および上付き * の変数は仮定値 S_i のもとで得られた仮の値である．重み係数は後述の計算例ではすべて1として，重みを付けていない．また，式 (6.19) のはじめの3つの式の右辺第2項は既知の選択係数である．式 (6.19) の4つの残差 f_1, f_2, f_3, f_4 がすべてゼロになるときが，物理的な物質輸送と化学反応による物質量の変化の2つの過程が同時に満足されていることになる．したがって，ここでの化学反応系の物質輸送解析は，残差 f_1, f_2, f_3, f_4 の自乗和である評価関数 $\sum_{n=1}^{4} f_n^2$ が最小となる化学反応項 S_i を

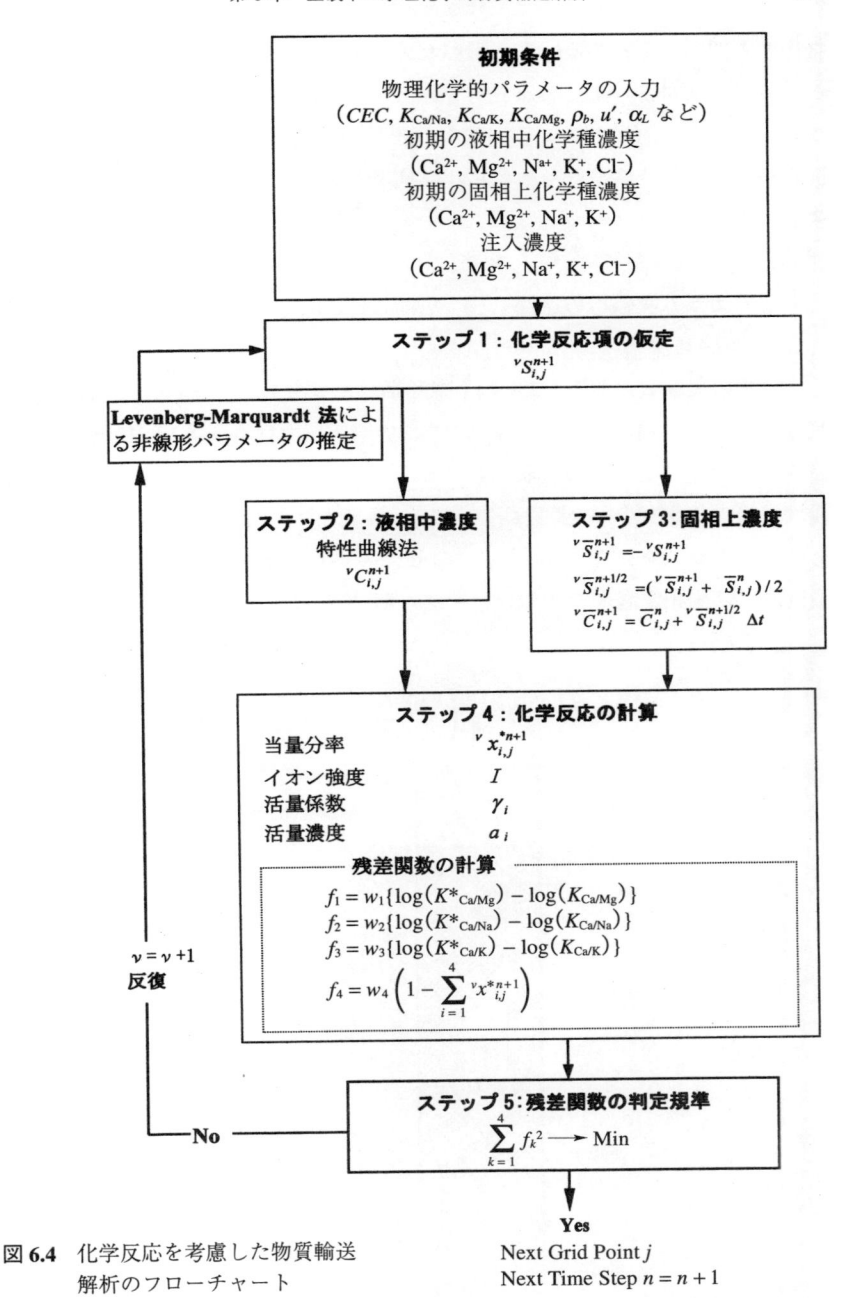

第6章 土壌中の水理化学的物質輸送解析

初期条件
物理化学的パラメータの入力
(CEC, $K_{\text{Ca/Na}}$, $K_{\text{Ca/K}}$, $K_{\text{Ca/Mg}}$, ρ_b, u', α_L など)
初期の液相中化学種濃度
(Ca^{2+}, Mg^{2+}, Na^+, K^+, Cl^-)
初期の固相上化学種濃度
(Ca^{2+}, Mg^{2+}, Na^+, K^+)
注入濃度
(Ca^{2+}, Mg^{2+}, Na^+, K^+, Cl^-)

ステップ1:化学反応項の仮定
$^{\nu}S_{i,j}^{n+1}$

Levenberg-Marquardt 法による非線形パラメータの推定

ステップ2:液相中濃度
特性曲線法
$^{\nu}C_{i,j}^{n+1}$

ステップ3:固相上濃度
$^{\nu}\overline{S}_{i,j}^{n+1} = -\,^{\nu}S_{i,j}^{n+1}$
$^{\nu}\overline{S}_{i,j}^{n+1/2} = (^{\nu}\overline{S}_{i,j}^{n+1} + \overline{S}_{i,j}^{n})/2$
$^{\nu}\overline{C}_{i,j}^{n+1} = \overline{C}_{i,j}^{n} + \,^{\nu}\overline{S}_{i,j}^{n+1/2} \Delta t$

ステップ4:化学反応の計算
当量分率　　　$^{\nu}x_{i,j}^{*n+1}$
イオン強度　　　I
活量係数　　　γ_i
活量濃度　　　a_i

残差関数の計算
$f_1 = w_1\{\log(K^{*}_{\text{Ca/Mg}}) - \log(K_{\text{Ca/Mg}})\}$
$f_2 = w_2\{\log(K^{*}_{\text{Ca/Na}}) - \log(K_{\text{Ca/Na}})\}$
$f_3 = w_3\{\log(K^{*}_{\text{Ca/K}}) - \log(K_{\text{Ca/K}})\}$
$f_4 = w_4\left(1 - \sum_{i=1}^{4} {}^{\nu}x_{i,j}^{*n+1}\right)$

$\nu = \nu + 1$ 反復

ステップ5:残差関数の判定規準
$\sum_{k=1}^{4} f_k^2 \longrightarrow \text{Min}$

No → (ステップ1へ戻る)
Yes ↓
Next Grid Point j
Next Time Step $n = n + 1$

図 **6.4** 化学反応を考慮した物質輸送解析のフローチャート

推定する問題に帰結する．非線形パラメータである S_i の推定には種々あるが，ここでは Levenberg-Marquardt 法を適用している．図 6.4 は，上述した解析法のフローチャートを示している．図中の記号の，添字 i はイオン i，添字 j は空間座標を表す差分格子点，添字 n は時間ステップ，および添字 v は反復回数を表している．

6.3.3 カラム実験への適用

（a）実験条件

ここでの実験も，前節 6.2 での不攪乱畑地土壌を用いる（図 6.1 と同様の実験装置）．図 6.5 に境界・初期条件を示す．実験土壌カラム長は $L = 45\,\text{cm}$ である．深さ方向をここでは x 軸に取っている．実験では $x = 0$ のカラム流入端にて高濃度の KCl 溶液（図中の濃度 C_1）を一定流量でカラム内に 8 時間連続注入した．その後，カラムを長さ 5 cm の 9 つのセグメントに分解し，各化学種の液相中濃度および固相上濃度の空間分布を求めた．表 6.1 に，初期および注入溶液の

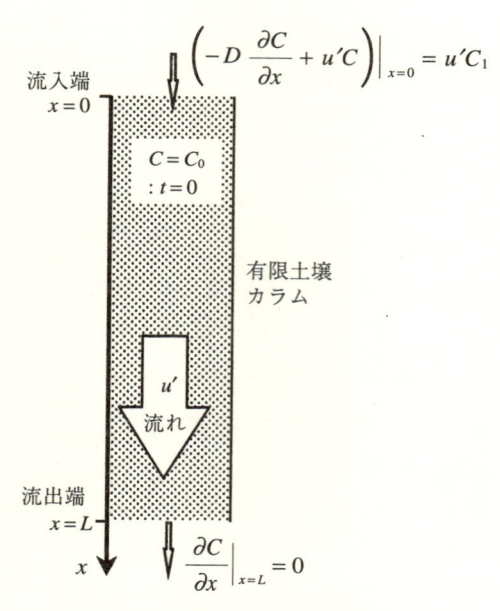

図 6.5　土壌カラム内の物質輸送

表 6.1 数値計算条件と使用した物理化学的パラメータ

パラメータ	単位	値
カラム長	m	0.45
注入時間	h	8
乾燥密度	Mg m^{-3}	1.2
体積含水率	m^3 m^{-3}	0.55
実流速	m s^{-1}	6.4×10^{-6}
縦方向分散長	cm	1.0
陽イオン交換容量	cmol$_c$ kg^{-1}	空間分布（図 6.6 参照）
選択係数		
$K_{Ca/Na}$	mol m^{-3}	0.352
$K_{Ca/Mg}$		1.55
$K_{Ca/K}$	mol m^{-3}	$0.0011 \exp(14.17\, x_K)$
背景液相中濃度（初期条件）		
Ca	mol$_c$ m^{-3}	2.6
Mg	mol$_c$ m^{-3}	1.0
Na	mol$_c$ m^{-3}	0.92
K	mol$_c$ m^{-3}	0.4
背景固相上濃度（初期条件）		
x_{Ca}	—	0.671
x_{Mg}	—	0.166
x_{Na}	—	0.039
x_K	—	0.124
注入 KCl 濃度	mol$_c$ m^{-3}	260

濃度および解析において必要な土壌の物理化学的特性を示す．初期条件は，カラム下層 35 cm～45 cm での実測結果に基づいて，図 6.6 のように与えている．境界条件は，カラム流入端で連続注入であり，カラム流出端では分散によるフラックスがない条件を与えている．土壌の陽イオン交換容量は，カラム上層で大きく，下層で小さくなる空間分布を与えた（図 6.6(b) 参照）．また，選択係数は，Ca–Na 交換および Ca–Mg 交換では一定値を用いた．一方，Ca–K 交換では，図 6.7 のように，固相の当量分率 x_K に関して線形関係が認められたので，回帰式（表 6.1 参照）を適用している．表の実流速 u' と分散長 α_L の値には，化学反応のない塩化物イオンの特性曲線法による数値解が，空間分布の実測値に最もよく一致する場合の u' と α_L の値を採用している．

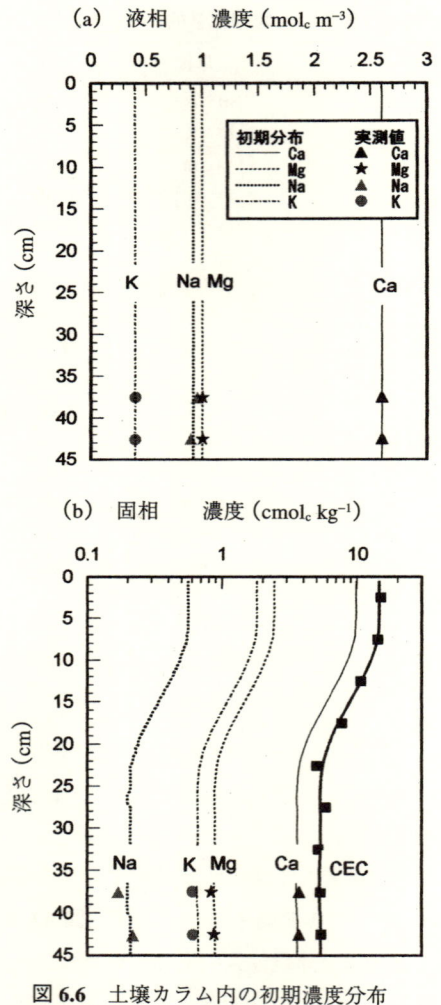

図 6.6 土壌カラム内の初期濃度分布

(b) 結果

　図 6.8 に，液相および固相での各イオン濃度の実測値，および特性曲線法による計算値の比較を示す．両者は，概ね一致している．固相の陽イオン濃度の計算値の総和は，実測の陽イオン交換容量 CEC にほぼ一致している．これは，式 (6.13) の条件によるものである．

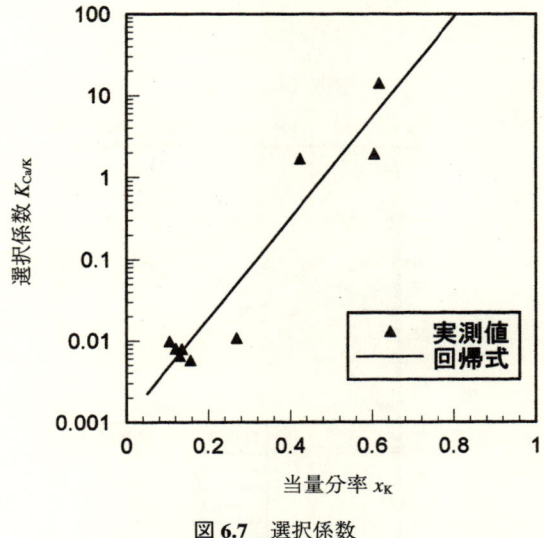

第6章 土壌中の水理化学的物質輸送解析

[図: 選択係数 $K_{Ca/K}$ と当量分率 x_K の関係、実測値（▲）と回帰式]

図 6.7 選択係数

本実験での輸送現象について，数値計算により得られる濃度および化学反応項 S_i の空間分布から考察してみよう．図 6.9 に，KCl 溶液注入後の 1 時間から 20 時間までの液相中の Cl^-, Ca^{2+}, K^+, 固相上の K^+, Ca^{2+} および式 (6.15) の右辺の反応項 S_{Ca}, S_K の空間分布の計算値を示す．カリウムの反応項 S_K は負の値となる．これは，カリウム注入に伴い液相中から固相上にカリウムが吸着され，固相上のカリウム濃度が増加することを表している．一方，カルシウムの反応項 S_{Ca} は正の値を示し，固相上から液相中へのイオンの脱着が生じ，固相上のカルシウム濃度は減少する．すなわち，初期の液相中濃度より高濃度の KCl 溶液の注入により，あらかじめ固相上に吸着していた Ca^{2+}, Mg^{2+}, Na^+ が陽イオン交換反応により液相中に脱着し，脱着した陽イオンは移流分散により輸送されている状況が再現されている．このように，数値計算によれば実験では再現しがたい現象の定量的評価が容易であり，現象のよりよい理解が可能となる．また化学反応を伴う物質輸送の詳細は，ここで述べたような流れと化学反応との連結によりはじめて明らかにされるもので，化学反応系の物質輸送解析は今後の土壌水や地下水の水質環境の評価にきわめて有効である．

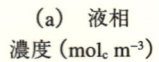

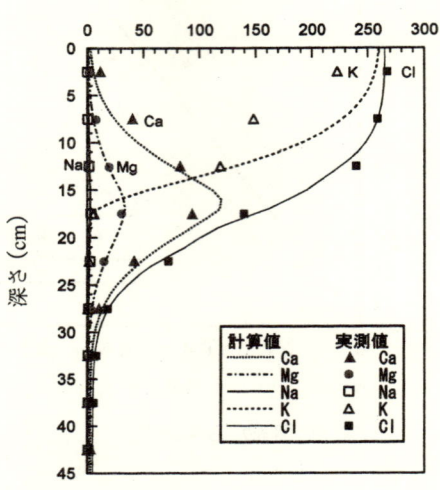

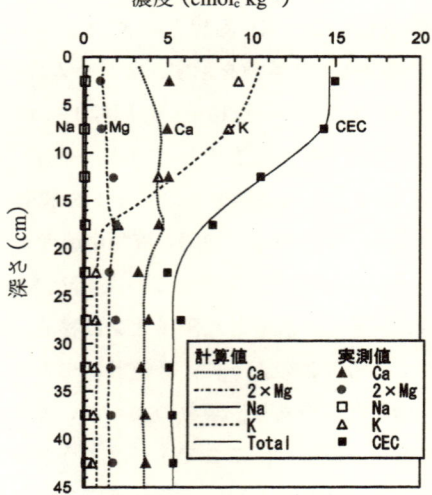

図 6.8　土壌カラム内の濃度の空間分布

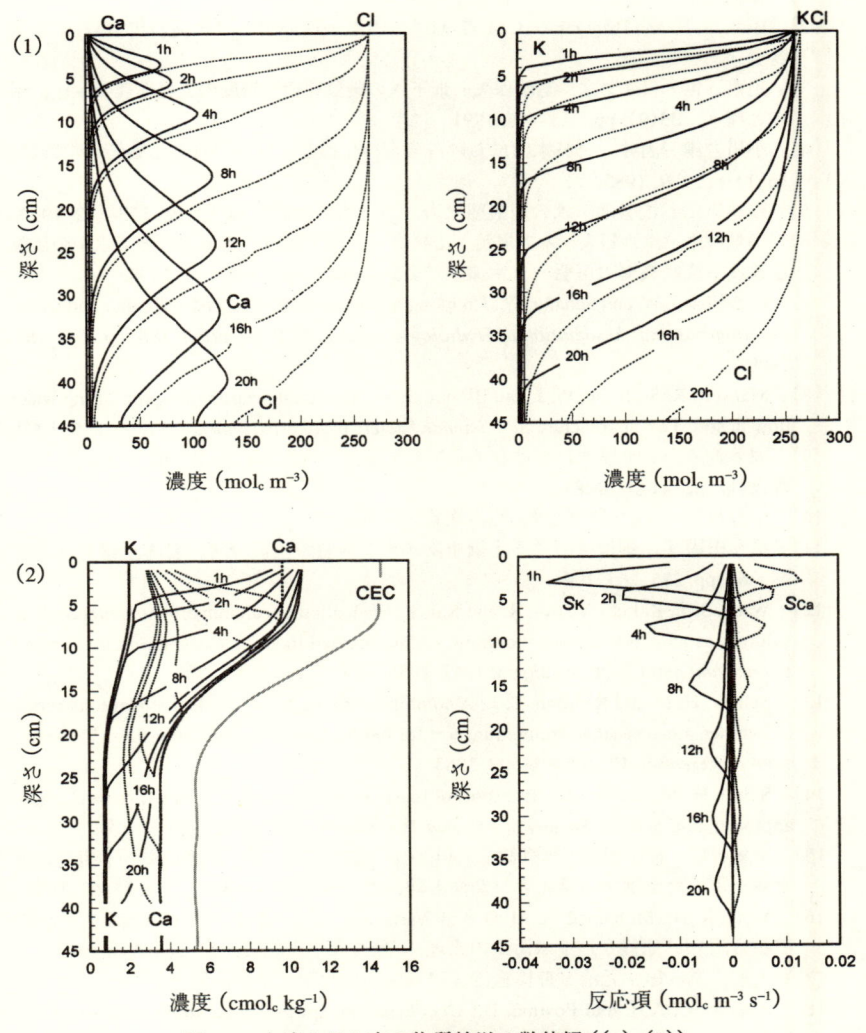

第6章 土壌中の水理化学的物質輸送解析　　145

図 6.9　土壌カラム内の物質輸送の数値解（(1), (2)）

参考文献

1) 藤縄克之：『汚染される地下水』，共立出版，1990．
2) Bolt, G. H. and Bruggenwert, M. G. M.（岩田進午ほか訳）：『土壌の化学』，学会事務センター，1980．
3) 川西琢也・川島博之・尾崎保夫：地下水の硝酸態窒素濃度の上昇と農業生産，用水と廃水，**33**(9), pp. 725–736, 1991.
4) 小川吉雄・酒井 一：水田における窒素浄化機能の解明，日本土壌肥料学雑誌，**56**(1), pp. 1–9, 1985.
5) 鶴巻道二：浅層地下水の硝酸態窒素，地下水学会誌，**34**(3), pp. 153–162, 1992.
6) 川島博之・津村昭人・木方展治・山崎慎一・藤井國博：水田周辺地下水中の硝酸塩濃度―変動機構の解明―，水環境学会誌，**16**(2), pp. 108–113, 1993.
7) Kinzelbach, W. and Schäfer, W.: Coupling of chemistry and transport, Quality and Quantity. *International Association of Hydrological Sciences Publication*, **188**, pp. 237–259, 1989.
8) Mansell, R. S., Bond, W. J. and Bloom, S. A.: Simulating cation transport during water flow in soil. Two approaches, *Soil Science Society of America Journal*, **57**, pp. 3–9, 1993.
9) 波多野隆介：土壌中におけるイオンの挙動，日本土壌肥料学会編，『移動現象』，博友社，pp. 41–82, 1987.
10) 中野政詩：『土の物質移動学』，東京大学出版会，pp. 45–83, 1991.
11) 亀和田國彦：畑地における土壌中陰イオン含量の垂直分布，日本土壌肥料学雑誌，**65**, pp. 225–265, 1994.
12) Wada, S.-I., Kakuto, Y., Itoi, R. and Kai, T.: Evaluation of calcium dihydrogenphosphate solution as an extractant for inorganic sulfate applied to soils, *Communications in soil science and plant analysis*, **25**, pp. 1947–1955, 1994.
13) Schulz, H. D. and Reardon, E. J.: A combined mixing cell/analytical model to describe two-dimensional reactive solute transport for unidirectional groundwater flow, *Water Resources Research*, **19**, pp. 493–502, 1983.
14) Selim, H. M. and Ma, L.: Transport of reactive solutes in soils. A modified two-region approach, *Soil Science Society of America Journal*, **59**, pp. 75–82, 1995.
15) 広城吉成・横山拓史・神野健二・和田信一郎・市川 勉・佐藤貞夫：不攪乱畑地土壌を用いた土壌中の陽イオン交換実験，地下水学会誌，**36**(1), pp. 55–69, 1994.
16) Yong, R. N., Mohamed, A. M. O. and Warkentin, B. P.（福江正治・加藤義久・小松田精吉訳）：『地盤と地下水汚染の原理』，東海大学出版会，pp. 200–204, 1995.
17) 大瀧仁志・田中元治・舟橋重信：溶液反応の化学，学会出版センター，1977．
18) Appelo, C. A. J. and Postma, D.: *Geochemistry, groundwater and pollution*, A. A. Balkema, Rotterdam, 1994.
19) 杉田 文・籾井和朗・佐藤芳徳：地下水水質の熱力学的基礎，地下水学会誌，**39**(2), pp. 129–138, 1997.
20) Lichtner, P. C., Steefel, C. I. and Oelkers, E. H. (eds.): *Reactive transport in porous media*. Review in Mineralogy, **34**, The Mineralogical Society of America, 1996.
21) Momii, K., Hiroshiro, Y., Jinno, K. and Berndtsson, R.: Reactive solute transport with a

variable selectivity coefficient in an undisturbed soil column, *Soil Science Society of America Journal*, **61**, pp. 1539–1546, 1997.
22) 広城吉成・神野健二・籾井和朗・横山拓史・和田信一郎：陽イオン交換容量の空間分布を考慮した不攪乱土壌中の陽イオン輸送解析，土木学会論文集 No. 579 / II-41, pp. 15–27, 1997.

索引

あ
圧力水頭　74
安定条件　21, 23, 26, 27
安定性　13, 21, 22
アンモニア態窒素　127

い
イオン強度　135
移流　138
移流項　13, 16, 28, 30, 32
移流分散方程式　13, 51, 67
陰イオン交換容量　130
implicit　28, 56

え
エアースパージング技術　104
explicit　17
塩化物イオン　128, 131, 133
塩水化現象　73
塩分濃度の近似解　96

お
オクタノール・水分配係数　110
遅れ係数　8, 109, 117, 124, 129, 131, 133
汚染浄化対策　103

か
界面での質量輸送過程　111
化学反応　138
化学反応項　137
攪乱試料　48
ガス発生速度　112, 119, 120
活量　136
活量係数　136
カリウム　127
カルシウム　127, 128
間隙水圧　3
間隙率　52, 58, 65
乾燥密度　137
緩和係数　56, 58

き
機械的分散　10
揮発　103, 104, 109, 111, 113, 115, 117, 119, 120, 122, 123
揮発性有機塩素化合物　101, 103
揮発・溶解速度　112
吸着　7, 102, 103, 109, 110, 111, 117, 124
吸着係数　109
吸着等温式　110, 127
境膜モデル　111
巨視的分散　10, 47, 48, 61, 64, 65, 67, 68, 70, 71
巨視的分散係数　64, 68, 69, 71
巨視的分散長　70, 71

く
屈曲度　10

け
原液　102, 104, 105, 106, 107, 108, 113, 115
原液揮発速度　112
原液溶解速度　112

こ
格子点　14

さ
差分　56, 58, 60, 66, 67
残留体積含水率　84

し
室内実験　48, 59
質量作用の法則　134, 135
質量フラックス　5
硝化　127
硝酸イオン　128, 132, 133
硝酸態窒素　127
時間間隔　14
自己回帰係数　66
自己相関係数　50, 65, 66
実質微分　7
実流速　12, 23, 76

す
水分率　3
数値計算　48, 51, 56, 58, 59, 60, 67, 68

せ
成層　47, 48, 64
積分特性距離　48, 50, 64, 65, 66, 68, 69, 70, 71
選択係数　128, 135
選択的に流れる経路　60

そ
相対密度差　86
増幅因子　21, 22

た
体積含水率　75, 83
多相流動解析　104, 106, 113
脱窒　132
縦方向と横方向の分散長　81, 83
縦方向分散長　94, 133
Darcyの法則　4
Darcy流速　75
断面平均濃度　65, 67

断面平均流速　3

ち
地下水・土壌汚染　101, 102, 103, 104
窒素　127

て
TEC　101
テトラクロロエチレン　101, 113, 115, 117, 120
DNAPLs　103
Debye-Hükelのパラメータ　136

と
透水係数　3, 47, 48, 50, 52, 58, 60, 61, 64, 65
等ポテンシャル　60
当量分率　135
特性曲線法　7, 13, 14, 56, 58, 129, 131, 132
トリクロロエチレン　101, 110
トレーサー　47, 48, 50, 59, 60, 61, 65, 67, 71
土壌ガス吸引技術　103, 104

な
ナトリウム　128
難透水層　47
難溶解　101, 102, 115, 116

に
2次元移流分散方程式　76

の
濃度フラックス　80

は
van Genuchtenが提案した理論式　83

ひ
被圧帯水層　51

索引

非混合性流体　　103, 104, 105, 108, 113
非混合淡塩水境界面の算定式　　86
比水分容量　　4, 75, 83
比貯留関数　　52, 60, 75
微視的分散　　10, 61, 64, 67
微視的分散係数　　58
微視的分散長　　52, 58, 64, 65, 67
PCE　　101

ふ

Fick の拡散法則　　111
不攪乱試料　　48
不攪乱土壌　　129
不均一場　　47, 48, 50, 64, 65, 68
負の圧力水頭　　83
不飽和浸透流　　3
不飽和透水係数　　4, 83
不飽和特性曲線　　84
不飽和・飽和透水係数　　75
VOCs　　101
分散　　8, 47, 48, 52, 61, 64, 65, 67, 68, 138
分散係数　　13, 23, 52, 55, 65, 69, 81, 83, 88
分散項　　13, 16, 17, 27, 32
分散長　　10, 52, 58, 65, 69
分子拡散　　8, 52, 58, 60
分配係数　　110, 111, 131, 133
プリューム　　61, 64

へ

Henry 定数　　111
Peclet 数　　59

ほ

飽和ガス濃度　　112
飽和体積含水率　　84
飽和地下水流れ　　51

飽和透水係数　　83, 84
飽和溶解度　　102, 112, 115, 116

ま

マグネシウム　　127, 128

も

毛管圧　　107, 108

ゆ

有機炭素　　110
有効間隙率　　5

よ

陽イオン交換反応　　128, 134
陽イオン交換容量　　128, 130, 135
溶解　　102, 103, 104, 109, 111, 113, 115, 116, 118, 119, 120, 122, 123
溶剤　　101
横方向分散長　　94

ら

Lagrange 座標　　7

り

硫酸イオン　　128, 129, 132, 133, 134
粒子　　13, 14
流速ベクトル　　60
流速フラックス　　80
流体力学的微分　　7
流量フラックス　　80
リン　　127
リン酸　　127
リン酸イオン　　128

れ

連続の式　　3

執筆者紹介(執筆順)

神野健二 (はじめに,第1章 (1.1),(1.2))
じんのけんじ
 1947年 長崎県生まれ
 1972年 九州大学大学院工学研究科修士課程修了
 現　在 九州大学大学院工学研究院　環境システム科学研究センター　教授(水資源工学・地下水工学). 工学博士
 著　書 『都市の水循環と水辺空間の役割』都市問題研究, 2000年8月号, pp. 11–22
    『水理公式集』(第4編用排水・地下水編), pp. 348–355, (第6編水環境編), pp. 643–645, 土木学会, 1999
    『熱と水分の輸送』(翻訳担当), 森北出版, 1996年10月
    『パソコンによる地下水解析』(翻訳担当), 森北出版, 1990年6月

籾井和朗 (第1章 (1.2),第6章 (6.3))
もみいかずろう
 1955年 宮崎県生まれ
 1980年 九州大学大学院農学研究科修士課程修了
 現　在 鹿児島大学農学部　生物環境学科　助教授(水資源学・地下水水文学). 農学博士
 著　書 『地下水水質の基礎』(分担), 理工図書, 2000年2月
    『気象利用学』(分担), 森北出版, 1998年11月
    『パソコンによる地下水解析』(翻訳分担), 森北出版, 1990年6月

藤野和徳 (第2章)
ふじのかずのり
 1951年 大分県生まれ
 1977年 九州大学大学院工研究科修士課程修了
 現　在 八代工業高等専門学校　土木建築工学科　教授(衛生工学・水資源工学). 工学博士
 著　書 『熱と水分の輸送』(翻訳分担), 森北出版, 1996年10月
    『パソコンによる地下水解析』(翻訳分担), 森北出版, 1990年6月

中川　啓 (第3章)
なかがわけい
 1971年 長崎県生まれ
 1999年 九州大学大学院工学研究科博士後期課程修了
 現　在 九州大学大学院農学研究院　植物資源科学部門　助手(地下水工学・土壌学). 工学博士

細川 土佐男 (第4章)
ほそかわ とさお

1952 年　高知県生まれ
1977 年　九州産業大学大学院工学研究科修士課程修了
現　在　九州産業大学工学部　土木工学科　教授(水理学，地下水工学)．工学博士
著　書　『熱と水分の輸送』(翻訳分担)，森北出版，1996 年 10 月
　　　　『パソコンによる地下水解析』(翻訳分担)，森北出版，1990 年 6 月

江種 伸之 (第5章)
えぐさ のぶゆき

1969 年　広島県生まれ
1996 年　九州大学大学院工学研究科博士後期課程修了
現　在　和歌山大学システム工学部　環境システム学科　助教授(環境水理学)．工学博士

広城 吉成 (第6章 (6.1)，(6.2))
ひろしろ よしなり

1962 年　山口県生まれ
1987 年　九州大学工学部卒業
現　在　九州大学大学院工学研究院　環境都市部門　助教授(環境水理化学)．工学博士
著　書　『よくわかる水問題一問一答』(執筆分担)，合同出版社，1991 年 10 月

地下水中の物質輸送数値解析

2001年7月10日　初版発行

編著者　神　野　健　二
発行者　福　留　久　大
発行所　(財) 九州大学出版会
〒812-0053　福岡市東区箱崎7-1-146
九州大学構内
電話　092-641-0515（直通）
振替　01710-6-3677
印刷・製本　研究社印刷株式会社

© 2001 Printed in Japan　　　ISBN 4-87378-689-4